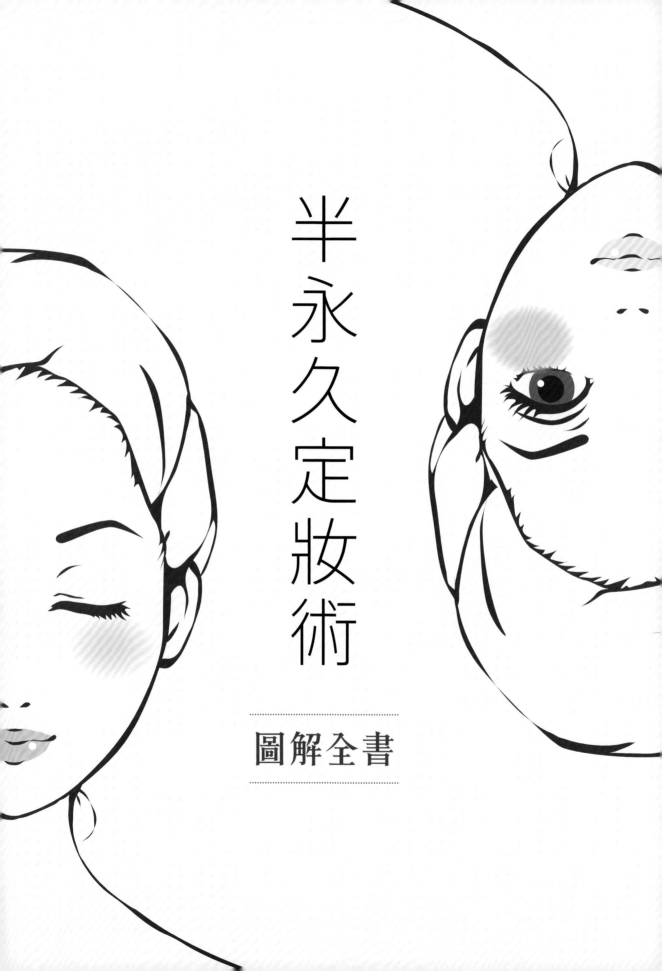

# 半永久定妝術

## 圖解全書

# FOREWORD
## 推薦序

本書作者奕融老師也是中華民國美容法律協會的會員。而協會的中心思想在於分享與助人，團結全國美容業打造共榮共好的環境。奕融老師以其在業界26年的資歷，長期寫作美容方面的工具書，只因有顆熱誠的心想幫助更多人，於是再度完成這本書，這和協會的價值觀契合，本人非常的敬佩。

《半永久定妝術圖解全書》這本書是紮實的技術和服務應用的強大結合，可以作為紋繡師日常操作的完美工具書。

透過本書簡明扼要又豐富的六章內容，奕融老師運用自身的經驗與歷練，來描述紋繡這門美容技藝的精巧之處。這本經過經驗淬煉、實用的書，會讓您想要在紋繡職業生涯隨時擺在手邊參考。

在書中，奕融老師按部就班的講述韓式半永久定妝術的基本概念、到細部的眉眼唇的操作、並以補妝及實務操作作為結束，詳盡的內容搭配圖說，讓讀者容易閱讀及理解，也使得閱讀這本書的讀者有機會一窺這門技術的精妙，找出對自己最好的服務客人的技術與心法。

本書的最後，由思親闡述如何將紋繡與醫學美容做結合，讓一些會影響紋繡師對眉眼唇的設計與操作的情形，透過醫學美容的方法解決，對消費者會有更多的益處。

作為紋繡工具書，本書是一本非常值得推薦的指南。

中華民國美容法律協會 理事長

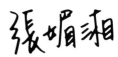

我非常感謝陳奕融老師幫我做的仿真繡眉，讓我的眉型漂亮有神！我其實原本就是濃眉，從年輕就是，自己不覺得有繡眉的需要！在洛杉磯擔任主播工作有近 30 年的歷史，從來我的眉毛就自然濃密，化妝或上鏡頭，畫眉毛都不太困擾我。

　　記得有一次回台灣，巧遇一位非常漂亮的女孩，她的眉型深深吸引了我，就因為那次巧遇，才讓我有機會認識到陳奕融老師，能夠見證他仿真繡眉的功力，在我原本就是濃眉的情況下，還能做出仿真繡眉的美麗效果，讓我一下子年輕了好幾歲，回美國播報時，還常常被讚美，也常被詢問，到那裡可以做出這麼美麗的眉型，真是太開心了！

　　在這裡我要特別恭喜陳奕融老師，不但她在工作上成果豐碩，還更上一層樓，要讓所有讀者透過她的出書，能夠見識到陳老師的功力。

　　非常的恭喜陳老師，也希望在不久的將來，能夠快快回到台灣，立馬去見老師，讓我的眉毛能再次恢復活力和魅力！

　　我在這裡要鄭重推薦陳奕融老師，如果沒有她幫我畫龍點睛似的繡眉，我在播報台上，就無法自然的呈現那種炯炯有神的感覺，太謝謝老師了，我們台灣見！

天下衛視主播

李儂雯 Maggie

# FOREWORD
## 推薦序

　　初識陳奕融老師是在民國 98 年間，她十三歲開始學美髮，高中畢業投入婚紗業擔任造型師，當時除了擔任新娘秘書，也是造型學院的資深講師。經過了十一年，她已經是一位出版 26 本造型書的優秀整體造型師。

　　陳奕融老師為人謙和，看到她令人印象深刻的是她的笑容，以及毫不妥協的妝容，公開場合一定是把自己把打理得漂漂亮亮，相信被她服務過的新人都能夠在開心的造型過程中走入紅毯，畢竟身為造型師，面對任何人維持自己的形象至關重要，我想這除了形象之外，也是面對人群與客戶的基本禮貌。

　　從美髮、新娘秘書、美甲、整體造型師到半永久化妝術，二十六年來陳奕融老師在整體造型這個行業不斷學習、研究、創新，幾年之間出版 26 本髮型彩妝工具書，廣受媒體採訪，還受邀國際錦標賽評審，曾經榮獲指導老師冠軍教練頭銜多次，在許多暢銷造型書之後，再度出版韓式半永久化妝術的書籍，是陳奕融老師熱衷學習與專業執著的成果。

　　化妝，大家的觀念專屬女性，但是在其他國家不盡然，而韓式半永久化妝術的確可以帶給先生、小姐一個基本妝容的改變，相信這本書將會是這個專業領域的優良技術示範，它將引領執業者與初學者進入一個全新的技術領域。

攝影師

魏三峯

# PREFACE
# 作者序

工作經歷26年已出版參與25本髮型彩妝工具書，出版這第26本《半永久定妝術圖解全書》還蠻感動的。

在新秘跟整體造型工作與教學崗位上，服務過很多客戶，也教育出很多優秀的學生與選手，業界很多老師也曾是我教育過的學生，直到開始接觸紋繡後才發現自己紋繡崗位上也是能勝任的。

五官設計平衡感一直是我的強項，一股衝勁到處拜師學藝，也讓學習力強的我很快學習到各國老師不同的手法，更感恩所有信任我的客戶學生們對我的信賴、推薦、介紹跟讚賞。

人生該有不同的階段，比照以前接新秘一早出門到很晚才能累攤回家，現在可以採預約接客戶跟學生，覺得工作輕鬆許多。因有熱誠的心，會以自身經驗回覆一些紋繡群組問題，才發現紋繡新手有很多的問號，為了幫助更多人，終於規劃出《半永久定妝術圖解全書》，這本書裡面有詳細的操作技巧方式，希望可以幫助一些讀者找到一些資訊喔！

紋繡學習靠的就是一股勇氣跟衝勁，不需要很有智慧，但要努力很有勇氣，未來的路我還是會繼續努力前進！

整體造型冠軍教練紋繡大賽裁判長

## 現任

⬩ 瑪莉莎紋繡造型美學苑執行長

## 經歷

⬩ 參與出版（整體造型祕技）整體造型工具書25本
⬩ 擁有多項美容紋繡證書學校工會聘書、香港IICE國際認證紋繡師講師證照、韓國PPMA半永久協會證書、韓國THE9半永久學院證書
⬩ 2019年山東濟南藝術節紋繡裁判長
⬩ 2018年紋繡藝術大賽國際評審、廣州千人紋繡大賽國際評委
⬩ 2017年澳門國際髮型化妝大賽 榮獲冠軍教練金獎杯一座
⬩ 2016年台北科技城市大學 化妝品應用與管理系講師
⬩ 2015年時尚新娘彩妝造型組 榮獲冠軍教練頭銜、國際總決賽 榮獲柯文哲頒發晚宴彩妝組冠軍教練獎狀、廣播電台專訪新娘秘書辛苦談
⬩ 2011年國際錦標賽 榮獲形象設計組冠軍教練獎狀
⬩ 2009年國際錦標賽 榮獲市長郝龍斌頒發冠軍教練獎狀、北科大技術學院（專業知識講座）講師
⬩ 2009年公視採訪、2007年蘋果日報採訪、2004年新聞專題採訪
⬩ 有多年的整體造型教學彩妝造型師經歷，有穩定性的美感，各種五官搭配眉型和眼線大小眼、紋繡，眉、眼、唇、髮際線是最拿手的
⬩ 擅長整體造型新秘現場設計、視覺舞台比賽整體造型設計、新娘飾品製作、捧花、花圈製作

# PREFACE
## 作者序

很榮幸參與25本整體造型秘技的作者陳奕融老師來邀約我共同創作《半永久定妝術圖解全書》。

陳奕融老師知道我在醫美這一塊領域是很有成就，所以邀請我一起參與這一本書，接觸美容業多年開醫美診所的我，出書是另一項目的挑戰，我願意將我的經驗也分享給需要的讀者們參考。

半永久紋繡是近年來興盛的美容產業之一，六年前則看好美容紋繡市場，從台灣為起點開始著重於紋繡教學，到後來將台灣技術帶到內地、香港、馬來西亞等國家，從技術教學開班授課到輔導創業（行銷策略、組織架構、自媒體宣傳……），將台灣高端的紋繡技術傳承下去。

從經驗來了解客戶為何做半永久定妝術，如何利用紋繡跟醫美搭配結合方式能改被做壞的眉毛使其開運、能持久美，給人氣質提升，面部更加自然協調，使臉更加立體，如眉毛是面部五官當中，唯一能通過調整高、矮、長、短、粗、細，來改變人的三庭五眼，從而改變面部風水。五官微調後不僅增添青春美麗自信，也能提昇好運勢及好人緣，讓感情事業都順順利利。

凱妍醫美診所 創辦人

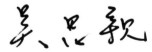

### 現任
* 凱妍醫美診所 創辦人
* 台灣國家級美容丙級講師
* 台南時尚整體造型協會 理事
* 中華民國美容法律協會 理事
* 社團法人全國魅力時尚造型協會 副理事長
* 中華民國全國中小企業總會 精品美學會 會長

### 經歷
* IBC國際紋繡類檢定 監評長

# CONTENTS

———— 目錄

CHAPTER

## 01 / 基本篇 BASIC ARTICLES

CHAPTER

## 02 眉妝篇 Eyebrow Microblading

CHAPTER

## 03 眼妝篇 Eyeliner Microblading

CHAPTER

# 04 唇妝篇 LIP MICROBLADING

BASIC ARTICLES

# 基本篇

---------------------------------

CHAPTER. 01

---------------------------------

# 半永久定妝術的基本

　　半永久定妝術，又稱為新式紋繡，是一種透過裝有針的紋繡手工筆或機器，將色乳紋繡進入臉皮膚表皮層的專業上色方法，以將皮膚局部染色。這種紋繡上色技術起源於韓國，常被應用在化妝美容上，例如：製作眉毛、眼線、嘴唇的妝感，以及調整髮際線的範圍等，因此也被稱為「韓式半永久化妝術」。

　　運用這種上色方法施做紋繡時，被放入人體皮膚表皮層的色素，可以隨著人體細胞的新陳代謝而慢慢被排出體外，使得紋繡的妝感效果會隨著時間逐漸淡化、消失。一般眉毛、眼線及髮際線的留色時間，約可維持1～3年，而嘴唇的留色時間，則約可維持2～5年，且半永久定妝術實際的留色時間長短，會因每個顧客的皮膚代謝狀況，以及保養方式的不同而有所差異。

## *Article 01* 半永久定妝術 vs 舊式紋繡

　　半永久定妝術既然被稱為新式紋繡，就代表從前有較傳統的舊式紋繡存在，而區隔出新舊的關鍵，就是使用的工具種類、色乳品質，以及皮膚紋繡深度的不同。首先，可以從人體皮膚生理結構的介紹，來認識半永久定妝術及舊式紋繡的差異。

### ◆ 人體皮膚生理結構介紹

| 皮膚深淺度 | 皮膚結構名稱 | | 結構簡介 | 關於紋繡的說明 |
|---|---|---|---|---|
| 最外、最淺層 | 表皮層 | 角質層 | ◆ 角質層約每28天會完成一次新陳代謝。<br>◆ 此處有天然保濕因子（NMF），能夠影響皮膚的濕潤或乾燥程度。 | 若紋繡製作深度太淺，就會導致色乳不上色，而紋繡失敗。 |
| | | 透明層 | 只存在於腳掌及手掌，而手掌也是全身皮膚最厚的部位。 | |
| | | 顆粒層 | 顆粒層具有防止皮膚水分散失的功能。 | |
| | | 棘狀層 | 此處是表皮層中最厚的一層，具有抵抗體外異物入侵的功能。 | |
| | | 基底層 | ◆ 此處可產生黑色素，形成膚色。<br>◆ 基底層是表皮層中，主要產生新細胞的地方。 | |

| | 基底膜 | | 介於表皮層與真皮層之間的薄膜。 | 一般半永久定妝術最深製作至此，不易出血。 |
|---|---|---|---|---|
| | 真皮層 | 乳頭層 | 此處有淋巴液、細血管，以及神經末梢。 | |
| | | 網狀層 | ◆ 含有豐富的血管、淋巴管及神經。<br>◆ 此處是決定皮膚厚度的主要膚層。 | 舊式紋繡的製作深度至此，容易出血、疼痛，且色乳容易被染成藍色或紅色。 |
| 最內、最深層 | 皮下組織 | | 此處有脂肪細胞、淋巴管及血管。 | |

◆ 皮膚整體切面示意圖

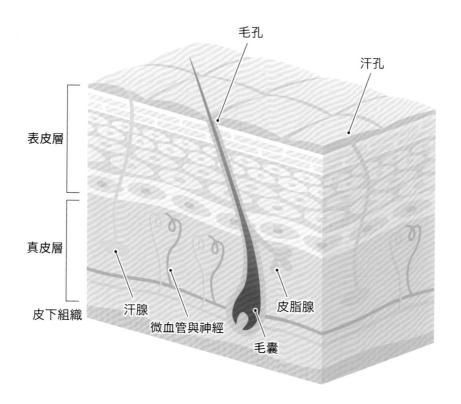

## ◆ 表皮層切面示意圖

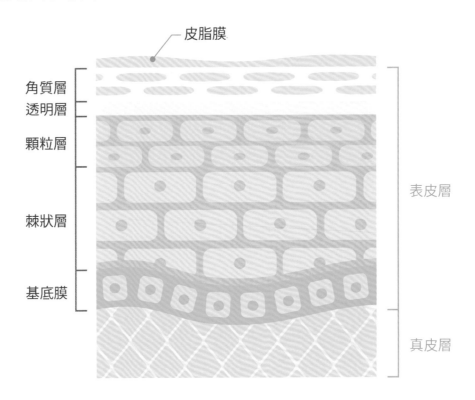

皮脂膜

角質層
透明層
顆粒層
棘狀層
基底膜

表皮層

真皮層

## ◆ 舊式紋繡的演變及種類

在人體皮膚上局部染色的行為，在早期人類社會中，主要是用來彰顯社會地位、表達宗教信仰，或是作為懲罰罪犯的手段等。直到1980年代左右，才有人嘗試將紋繡應用在修飾眉毛上，開啟了紋繡的美容功能。

① 紋眉

最早的紋眉方式是手工紋眉，操作者以單針工具，將含有重金屬成分的工業性色乳，刺進人體皮膚的真皮層，以達到永久上色的效果。因人體皮膚的真皮層有微血管分布，所以舊式紋眉容易弄破血管，造成傷口出血及較明顯的疼痛。而色乳中的金屬成分和血液混合後，較容易導致眉毛顏色後期變藍。

後來，因為手工單針的操作速度太慢，便促成了紋眉機的發明，並使電動紋眉成為舊式紋眉的主流方式。只是電動紋眉的上色方法是先在眉毛上畫出要染色的範圍，再進行塊狀上色，因此電動紋眉的製作效果看起來是一塊一塊的，較死板、僵硬。

② 繡眉

　　雖然電動紋眉能使操作速度變快，但因力道較難控制，製作出的眉毛又是塊狀的，所以在排針發明後，手工製作眉毛的趨勢又再度回升。

　　手工繡眉，是操作者以排針工具，將化學性或植物性色乳，刺進皮膚的真皮層，以達到永久上色的效果。舊式繡眉的優點是，操作速度能和電動紋眉不相上下，並能製作出線條狀的眉毛。但缺點一樣是可能出血及感到疼痛，且化學性或植物性色乳與血液混合後，容易導致眉毛顏色變紅。此時期所製作的眉毛，雖已經進步成線條狀，但仍缺乏立體感，不夠自然。

③ 雕眉

　　雕眉是在舊式繡眉後被發明的技法，它是將排針裝入繡眉筆中，以類似雕刻的手法，將植物性色乳放入皮膚的表皮層及真皮層之間，以達到線條狀的上色效果。雕眉在皮膚上施力較小，也較淺層，因此不但不易出血，也不太會感到疼痛，眉毛也不易變色。但雕眉的缺點，在於製作出的線條較筆直僵硬，會使眉毛看起來呆版不自然。

## ◆ 半永久定妝術種類簡介

① 飄眉

　　操作者以排針工具，將色乳放進皮膚的表皮層及真皮層之間，以達到線條狀的上色效果。飄眉不易出血，也不太會感到疼痛，眉毛也不易變色。另外，飄眉可製作出較立體、柔和的曲線，所以紋繡效果相當接近真實的自然毛髮，每次操作約可保持1～3年的效果。

② 霧眉

　　操作者以圓針或排針工具，將色乳放進皮膚的表皮層及真皮層之間，以達到朦朧霧狀的上色效果。霧眉不易出血，也不太會感到疼痛，眉毛也不易變色。是一項可以替代擦眉粉、製造眉粉妝感的選擇，每次操作約可保持1～3年的效果。

## ◆ 不同紋繡種類比較表格

| 紋繡種類 | 舊式紋繡 | | | 半永久定妝術 | |
|---|---|---|---|---|---|
| | 紋眉 | 繡眉 | 雕眉 | 飄眉 | 霧眉 |
| 使用工具 | 單針、紋眉機。 | 排針。 | 排針、繡眉筆。 | 圓針、排針、紋繡手工筆、紋繡機器。 | |
| 色乳 | 工業性色乳（含重金屬成分，對人體有害）。 | 化學性或植物性色乳。 | 植物性色乳。 | 色乳。 | |
| 在皮膚上的紋繡深度 | 真皮層（較深層）。 | | | 表皮層及真皮層之間（較淺層）。 | |
| 紋繡時的疼痛感 | 疼痛感較明顯。 | | | 較無疼痛感。 | |
| 紋繡效果 | 塊狀，看起來死板、僵硬。 | 線條狀，但缺乏立體感。 | 有立體感的線條，但線條較筆直僵硬。 | 有立體感的線條，且能仿真實毛髮。 | 朦朧霧狀，像擦過眉粉的妝感。 |
| 持久度 | 永久性。 | | | 約可保持 1 ～ 3 年的效果。 | |
| 顏色變化 | 容易變藍。 | 容易變紅。 | | 顏色會跟著皮膚代謝，而慢慢變淡。 | |

## *Article 02* 常見半永久定妝術部位介紹

　　半永久定妝術常被施做在替特定的人體部位，以達到遮瑕或美化的作用，並可免除人們每天在臉上化妝、卸妝的麻煩。目前常見的紋繡部位，除了最基本的眉毛、眼部、唇部外，髮際線也是越來越多人願意紋繡的項目，因為顧客不必動植髮手術，也能達到髮量增加的視覺效果。

## ◆ 眉毛

　　在眉毛操作半永久定妝術，可以訂製適合顧客的眉型、眉色。目前主要的眉毛紋繡效果，分別有霧眉、飄眉，以及混合兩者效果的飄霧眉。

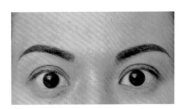

霧眉

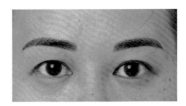

飄眉

飄霧眉

① 霧眉

又稱為定妝眉，它的效果是製作出讓眉毛看起來像是擦過眉粉的樣子，呈現出朦朧的霧狀效果。關於霧眉的操作教學，請參考 P.64。

② 飄眉

又稱為仿真眉，它的效果是製作出看起來像是自然生長的，一根根線條狀的眉毛。在操作時須注意眉毛原本的生長方向，才能做出擬真的眉毛線條。關於飄眉的操作教學，請參考 P.77。

③ 飄霧眉

製作出像是在自然線條狀的眉毛上，再擦過眉粉的效果。簡單來説，就是將霧眉和飄眉兩種效果，結合在一起的感覺。關於飄霧眉的操作教學，請參考 P.84。

雖然市面上紋繡眉毛的名詞相當繁多，但實際上新式紋繡眉毛的種類，只有霧眉、飄眉及飄霧眉三種。市面上很多不同的紋繡眉毛名稱，是每個紋繡師自訂，並加以宣傳的名稱。

## ◆ 眼部

在眼部操作半永久定妝術，可以訂製適合顧客的眼線造型。目前主要的眼線紋繡效果，是隱形眼線最自然。

◉ 隱形眼線

隱形眼線

在靠近睫毛根部的位置製作眼線，可以製造睫毛濃密的效果，並修飾眼型，使眼睛看起來美觀又有精神。關於隱形眼線的操作教學，請參考 P.105。

## ◆ 唇部

在唇部操作半永久定妝術，可以訂製適合顧客的唇型、唇色。目前主要的唇部紋繡效果，是新式繡唇。

◉ 新式繡唇

新式繡唇

使用單種顏色或已調勻的混色色乳，製作出整個嘴唇均勻呈現單色的唇妝效果。關於新式繡唇的操作教學，請參考 P.127。

### ◆ 髮際線

在瀏海、鬢角或髮旋等部位，操作手工仿真毛流的半永久定妝術，可以訂製適合顧客的髮色、髮量。目前主要的髮際線紋繡效果，是仿真毛流髮際線。

仿真毛流髮際線

⊙ 仿真毛流髮際線

製作出看起來像是自然生長的，一根根線條狀的頭髮。在操作時，須注意顧客頭髮原本的生長方向，才能做出擬真的頭髮線條。關於仿真毛流髮際線的操作教學，請參考 P.146。

## *Article 03* 半永久定妝術的操作基本流程

STEP 01　操作前準備：顧客接待 ➡ 顧客諮詢 ➡ 拍攝照片 ➡ 紋繡師的準備

STEP 02　顧客清潔及消毒：清潔 ➡ 消毒

STEP 03　造型設計：造型繪製 ➡ 顧客確認 ➡ 造型定位

STEP 04　開始操作紋繡：挑選及調製色乳 ➡ 挑選操作工具 ➡ 進行紋繡 ➡ 敷色乳 ➡ 清潔顧客的紋繡部位

STEP 05　操作後事項：拍攝照片 ➡ 顧客保養衛教 ➡ 預約補色時間 ➡ 送客

### ◆ 操作前準備

① 顧客接待

顧客抵達約定好的地點後，引導顧客的座位，並可提供茶水。

② 顧客諮詢

先向顧客介紹不同紋繡項目的細節，再確認顧客想要製作的部位及造型，並請顧客簽署紋繡同意書。

同意書的內容須包括顧客基本聯絡資料、身體狀況調查、紋繡相關風險提醒、紋繡師提供的服務內容、價格、操作日期等事項，以及顧客詳閱後的簽名欄。關於同意書的詳細說明，請參考 P.21。

③ 拍攝照片

在操作半永久定妝術前，可先幫顧客拍照，以作為紋繡前後的效果對比的素材。

④ 紋繡師的準備

　　紋繡師在操作紋繡前，須先清潔雙手，並穿戴手套及口罩。另外，還須將所有須使用的工具，以酒精進行消毒，並準備全新的一次性耗材，以確保紋繡操作過程的衛生及安全。

## ◆ 顧客清潔及消毒

① 清潔

　　須請顧客自己，或由紋繡師幫忙卸除臉部的彩妝，並以油性清潔液及清水，來清潔顧客的臉部。若要紋繡髮際線，還須確認顧客前一天有確實洗過頭髮，因為紋繡髮際線後的24小時不能碰水。

　　在清潔時，若顧客膚質較油膩，則須加強清潔，因油脂過多會使紋繡上色率降低；若顧客施做部位的死皮、角質較厚，則可先協助顧客去除死皮或角質，使紋繡效果更佳。

② 消毒

　　紋繡師須以酒精棉片擦拭顧客即將要紋繡的部位，以確保衛生安全。若要紋繡唇部，則須請顧客用漱口水漱口，以針對口腔進行基本殺菌。

## ◆ 造型設計

① 造型繪製

　　紋繡師須根據顧客的臉型、膚質、膚色、毛髮顏色等因素，設計適合顧客的眉型、眼線、唇型或髮際線範圍，並以眉筆將造型繪製在顧客臉上。

　　設計造型時，須在顧客坐立且睜眼的狀態下進行設計上的調整。若只在客戶躺平的狀態下進行設計，可能會因坐立與平躺時，臉部肌肉下垂方向不同，而導致造型失真。

　　關於眉型設計的詳細説明，請參考 P.43；關於眼線設計的詳細説明，請參考 P.98；關於唇型設計的詳細説明，請參考 P.116；關於髮際線設計的詳細説明，請參考 P.142。

② 顧客確認

　　繪製完設計好的造型後，紋繡師可提供顧客鏡子，讓顧客確認目前的造型設計是否滿意、需不需要做出調整。

③ 造型定位

　　當顧客確認好要操作的造型後，紋繡師即可以定位筆，在顧客臉上繪製記號點，以清楚標記須紋繡的範圍。若是紋繡眉毛，則可在定位後，先幫顧客把生長在定位範圍外的雜毛，以修眉刀修除。

　　另外，紋繡師可在此時拍攝照片，以保存顧客所選定的造型設計樣式。

## ◆ 開始操作紋繡

### ① 挑選及調製色乳

紋繡師須根據顧客的膚色、毛髮顏色來挑選適合的色乳顏色。若既有色乳沒有適合的顏色，則紋繡師須挑選2種以上的色乳進行調色。關於色乳調色的詳細說明，請參考 P.40。

### ② 挑選操作工具

紋繡師須根據顧客施做紋繡的部位，以及自己操作順手的程度，選擇適合的專用針、紋繡手工筆或紋繡機器等工具。關於紋繡工具及專用針介紹的詳細說明，請參考 P.29。

### ③ 進行紋繡

以工具沾取色乳，在顧客的部位開始操作紋繡。關於紋繡眉毛的詳細說明，請參考 P.64；關於紋繡眼線的詳細說明，請參考 P.105；關於紋繡唇部的詳細說明，請參考 P.127；關於紋繡髮際線的詳細說明，請參考 P.146。

### ④ 敷色乳

在紋繡過的部位塗抹色乳後，以保鮮膜覆蓋並冰敷一段時間，可使上色效果更充足。等敷色乳的時間結束後，紋繡師即可清除顧客紋繡部位上多餘的色乳，以確認實際的上色效果。

### ⑤ 清潔顧客的紋繡部位

在清除多餘的色乳後，紋繡師可先以濕紙巾按壓去除紋繡部位的組織液，以免事後結痂太厚，導致紋繡的留色率不佳。

另外，以油性清潔液或生理食鹽水，仔細清潔顧客的紋繡部位後，即完成紋繡的操作。

## ◆ 操作後事項

### ① 拍攝照片

在操作紋繡後拍攝照片，可作為紋繡前後效果對比的素材。

### ② 顧客保養衛教

紋繡師須告訴顧客如何居家照顧紋繡過的部位，包含任何須避免的行為、須忌口的食物、如何清潔傷口、是否須擦拭消炎藥膏，以及其他相關注意事項等。關於眉毛保養的詳細說明，請參考 P.92；關於眼線保養的詳細說明，請參考 P.110；關於唇部保養的詳細說明，請參考 P.135；關於髮際線保養的詳細說明，請參考 P.152。

### ③ 預約補色時間

雖然不是每個顧客都一定需要補色，但紋繡師可主動向顧客詢問，是否需要為對方保留預約補色的時間，讓顧客感受到良好的服務態度。一般眉、眼、髮等部位的適合補

色時間，大約是28 ～ 45天後，而唇部大約是2～3月後，至於實際時間則須視顧客的肌膚修復程度而定。

④ 送客

　　顧客付費後，即可向顧客送別，並將記錄紋繡過程的照片傳給顧客觀看，讓顧客能夠確認紋繡前、後的對比效果，以結束完整的紋繡基本流程。


## *Article 04* 紋繡顧客同意書常見內容

　　紋繡顧客同意書內容通常包含：顧客基本聯絡資料、身體狀況調查、紋繡前須知事項、服務項目記錄等資訊，以及確認顧客詳閱了解後的簽名欄位。


### ◆ 顧客基本聯絡資料

　　即顧客的姓名、性別、生日、年齡等資訊，以及方便聯絡的方式，例如：聯絡地址、聯絡電話及 LINE 的 ID 名稱等。


### ◆ 身體狀況調查

　　針對顧客的個人病史、過敏史、長期服藥史、生活習慣、相關醫美療程記錄及膚質等狀態的詳細健康調查，以確認顧客體質是否適合進行半永久定妝術。

① 病史

　　例如：糖尿病、心臟病、高血壓、癌症、肝炎、血友病、傳染性皮膚病、凝血功能異常、蟹足腫體質、唇皰疹等。

② 過敏史

　　例如：對任何食物、藥物等過敏，並盡量詳述曾有的過敏症狀。

③ 長期服藥史

　　任何長期服用，以調理身體或治療慢性病的藥物，例如：中藥、維他命、類固醇等。

④ 生活習慣

　　例如：有抽菸、喝酒、熬夜、固定運動等習慣。

⑤ 相關醫美療程記錄

　　例如：曾經有過的紋繡、雷射、醫美整形等經歷。

⑥ 膚質狀況

　　例如：油性、乾性、混合性、過敏性等膚質。關於膚質狀況的詳細說明，請參考 P.60。

⑦ 其他狀況

　　正處於女性月經期、懷孕期、哺乳期或近期有感冒症狀等。

| 不適合進行紋繡的原因 | 舉例說明 |
|---|---|
| 容易將特定疾病傳染給他人。 | 任何具有高傳染風險的疾病，例如：罹患肝炎、傳染性皮膚病等。 |
| 容易傷口感染。 | 任何凝血功能不佳或傷口較難癒合的狀況，例如：罹患糖尿病、女性正值月經期等。 |
| 容易因紋繡而誘發特定病症。 | 例如：因紋繡的微創傷口，引發蟹足腫增生；或因顧客對色乳過敏，而引發過敏症狀等。 |
| 有在紋繡過程中發病、流產的風險。 | 任何隨時可能發病的重症，例如：心臟病、高血壓、慣性中風、女性正值懷孕期等。 |
| 有因紋繡而使傷口或病變加劇的風險。 | 例如：近期曾在眉、眼、唇等部位進行過手術；或當下眉、眼、唇等部位有、毛囊炎、唇皰等發炎、病變者。 |
| 有嚴重影響紋繡操作過程及製作效果的風險。 | 無法在紋繡過程中，維持穩定躺姿或坐姿者，例如：精神狀態異常。 |

◆紋繡前須知事項

　　紋繡前須知事項包含：了解紋繡的服務內容、價格、相關風險、操作後的保養方法、有無提供補色服務、補色的有效服務時間、操作第一次紋繡的收費及後期補色是否有優惠方案等資訊。

◆服務項目記錄

　　可記錄顧客來店裡做紋繡的服務項目、操作日期、紋繡顏色、紋繡師姓名、消費金額等資訊。

**半永久定妝術常見術語簡介**

| 術語 | 說明 |
|------|------|
| 眉色 | 顧客原本的眉毛顏色。 |
| 膚色 | 顧客原本的皮膚顏色。 |
| 唇色 | 顧客原本的唇部顏色。 |
| 髮色 | 顧客原本的頭髮顏色。 |
| 調色 | 將兩種以上的色乳混合均勻的動作，以調配成另一種顏色。 |
| 目標色 | 又稱為「紋色」，是期望顧客的操作部位，最終能呈現的紋繡顏色，也是紋繡師為顧客量身設計出的紋繡顏色。 |
| 轉色 | 是指將顧客不滿意的既有紋繡顏色，轉變成顧客想要的顏色的操作過程。 |
| 填色 | 將色乳填滿已經繪製定位範圍的紋繡操作部位。 |
| 底色 | 最先被紋繡在操作部位上的顏色，就是打底的顏色。 |
| 上色 | 顧客的操作部位，在紋繡後的顏色狀態，也稱為「吃色」、「著色」。 |
| 送色 | 在已上色部位再次操作紋繡的動作，目的是加強上色。 |
| 遮色 | 使用與原本膚色相近的色乳，將想要修改的部分遮住，使被修改的部分看起來和原本的膚色相同。 |
| 蓋色 | 指原本皮膚就有不同色的狀況存在，並以遮色的技巧，蓋住原本皮膚不同色的部分。 |
| 補色 | 在顧客原本已有紋繡的部分，再操作一次紋繡，使原本的紋繡範圍看起來變長、變寬或顏色變深，也可稱為「加色」。 |
| 掉色 | 指顧客皮膚在紋繡後，經過一段時間，原本的結痂掉了，導致操作部位上的顏色變淡的正常現象，也可稱為「脫色」。 |
| 返色 | 指顧客的紋繡在結痂掉色後，經過一段時間，又重新恢復了紋繡顏色的正常現象。 |
| 留色率 | 用來衡量顧客經過掉色及返色的過程後，操作部位所呈現的顏色，與剛紋繡完時所呈現顏色的深淺差距。若差距不大，則稱為留色率高；反之，則稱為留色率低。 |

# 工具及材料介紹

### 假皮

練習紋繡眉毛、眼線或唇部時使用。

### 真人實拍假皮

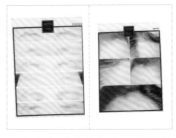

具有真人毛流的假皮,練習紋繡眉毛、髮際線時使用。

### 自動鉛筆

在假皮上繪製眉型。

### 眉筆

在假皮或真人臉上繪製眉型及髮際線的製作範圍

### 定位筆

在真人臉上設計完眉型或髮際線範圍後,用於定位造型。

### 消除定位筆

可去除定位筆繪製的記號。

### 尺

測量長度。

### 眉尺

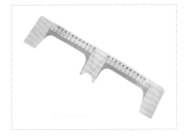

測量長度,設計眉型時使用。

### 眉尺貼

測量長度,設計眉型時使用。

### 三點定位平衡尺

設計眉型時使用。

### 不織布

擦除假皮上的多餘色乳,或用於包覆冰敷袋。

### 濕紙巾

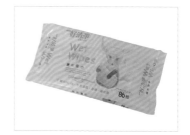

擦除真人臉上的多餘色乳。

### 油性清潔液

清潔真人臉上的多餘色乳。

### 凡士林

擦除多餘鉛筆線。

### 手套

操作紋繡時須配戴。

### 口罩

操作紋繡時須配戴。

### 紋繡機器

分為機身、握把分離式或兩者合一式機器,皆可用於操作紋繡。

### 紋繡手工筆

用於操作紋繡。

### 酒精棉片

消毒各式紋繡工具。

### 不鏽鋼盤

裝乾淨的棉花棒、棉籤或不織布等工具。

### 不鏽鋼盆

裝使用過的棉花棒、棉籤等工具。

### 棉花棒

塗抹色乳。

### 棉籤

挖取及調勻色乳。

### 色乳

將紋繡部位上色時使用，可混色。

### 戒杯

盛裝色乳，可配戴在手指上。

### 色料杯

盛裝色乳，可放置在色料杯架上。

色料杯架

支撐色料杯或擺放手工筆。

黑粉

加入黑色色乳中,以加深顏色,製作眼線時使用。

修眉刀

修除眉部多餘雜毛。

生理食鹽水

清潔肌膚或眼球。

不傷膚紙膠帶

紋繡眼線時,用於固定上眼皮。

髮帶

固定顧客的頭髮。

冰敷袋

敷色乳時,冰敷可加速色乳上色。

毛巾

鋪在操作台上或包覆顧客頭髮,以免被色乳弄髒。

鏡子

設計造型後,給顧客確認造型時使用。紋繡師在店內紋繡時會使用大鏡子,外出服務時則使用小鏡子。

保鮮膜

敷色乳時，覆蓋在色乳上。

剪刀

剪開保鮮膜。

刮棒

紋繡完成後，用於撥順顧客的毛流。

斜排針

紋繡手工筆專用針，用於製作飄眉。

弧排針（三排彎彎繡 16 針）

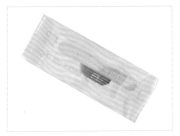

紋繡手工筆專用針，用於製作霧眉。

單針

針帽、針頭分離式紋繡機器專用針，用於製作眼線。

機器針頭

針帽、針頭合一式紋繡機器專用針，用於製作繡唇。

多排針（108 手工針）

紋繡手工筆專用針，用於製作霧眉。

圓針（3 針及 17 針）

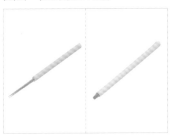

紋繡手工筆專用針，用於製作霧眉。

# *Article 01*  紋繡工具及專用針介紹

紋繡的工具可分為紋繡手工筆、紋繡機器及紋繡專用針。

## ◆ 紋繡手工筆

紋繡手工筆可安裝專用圓針或排針，用來操作手工點霧或線條。其中，排針主要用於製作線條或點霧，而圓針主要用於點霧。關於常見的紋繡手工筆走針方法，請參考 P.36。

## ◆ 紋繡機器

紋繡機器若以外觀區分，有機身、握把分離及機身、握把合一兩種款式。使用機器操作紋繡，不僅可以加快紋繡的速度，而且還能保持走針的穩定性，以降低顧客疼痛的機率。關於常見的紋繡機器走針方法，請參考 P.39。

| 紋繡機器 | 機身、握把分離式 | 機身、握把合一式 |
| --- | --- | --- |
| 參考圖片 |  | |
| 馬達 | 數位控制。 | 機械控制。 |
| 插電需求 | 若事先充好電，可不插電操作紋繡。 | 須插電才能操作紋繡。 |
| 操作設定 | 內部有預設紋繡操作值，且可依個人需求微調設定。 | 須憑個人經驗，手動控制出針長度。 |
| 上色率 | 上色率高且穩定。 | 須視操作者技術而定。 |
| 針帽、針頭款式 | 針帽及針頭兩者一體，為全拋式。 | 半拋分離式或全拋一體式皆有。 |
| 拋棄式耗材的成本 | 較高。 | 較低。 |
| 機器價格 | 較高。 | 較低。 |

## ◆ 紋繡專用針

紋繡專用針是由一根或多根細針組成的針,而依照細針的排列方式,可分圓針及排針。圓針是指細針排列成接近圓形的針,且代號是 R;而排針則是指細針排列成整排的針,且代號是 F。例如:5R 代表圓 5 針,7F 代表排 7 針。以下為圓針及單排排針的針尖排列比較。

| | 單針 | 多針(以 5 針為例) |
|---|---|---|
| 圓針 | ● | ✿ |
| 排針(單排) | | ●●●●● |

紋繡機器常用的圓針有:單針、圓 3 針、圓 5 針;常用的排針則有排 5 針、排 7 針、排 9 針、排 14 針及排 17 針等,且一定是平針。

紋繡手工筆常用的圓針有:單針、圓 3 針、圓 5 針、圓 17 針、圓 21 針及圓 40 針;而紋繡手工筆常用的排針,有斜針及弧針兩種。以下為斜針及弧針的比較。

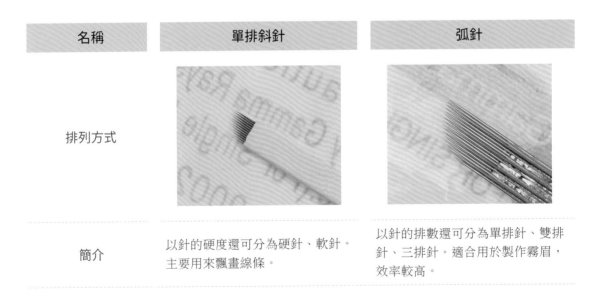

| 名稱 | 單排斜針 | 弧針 |
|---|---|---|
| 排列方式 | | |
| 簡介 | 以針的硬度還可分為硬針、軟針。主要用來飄畫線條。 | 以針的排數還可分為單排針、雙排針、三排針。適合用於製作霧眉,效率較高。 |

# 半永久定妝的色乳介紹

　　目前新式紋繡的常見色乳，可分為乳狀及膏狀兩種。其中，膏狀色乳較黏稠，容易黏著在紋繡機器上而難以上色，因此只適合手工操作時使用。而乳狀色乳同時適合機器操作，也適合手工操作，因此乳狀色乳成為目前多數人使用的選項。

*Article 01* **繡眉常用色**

淺褐色　　　　中褐色　　　　深褐色

巧克力色　　　淺灰咖啡色　　深灰咖啡色

綠咖啡色　　　土黃色　　　　橙咖啡色

*Article 02* **繡眼線常用色**

黑色

*Article 03* **繡唇常用色**

橘紅色　　　　鮮紅色　　　　寶石紅

石榴紅　　　　粉紅色　　　　玫瑰紅

## *Article 04* 繡髮際線常用色

淺褐色　　中褐色　　深褐色

巧克力色　　淺灰咖啡色　　深灰咖啡色

綠咖啡色　　土黃色

## *Article 05* 判斷色乳品質的方法

　　色乳是紋繡時，會放入顧客皮膚表層的物質。品質優良的色乳，不僅不含有害身體健康的重金屬成分，而且能在操作紋繡時較好上色，並具有提高修復期後的留色率，以及不會隨著時間變長，而使紋繡變色等好處。

|  | 優質色乳 | 劣質色乳 |
|---|---|---|
| 成分 | 不含重金屬等，對人體有害的成分。 | 可能含有重金屬成分。 |
| 紋繡後的狀態 | 紋繡的顏色會隨著顧客皮膚代謝，而慢慢變淡。 | 紋繡後期的顏色，可能容易變紅或變藍。 |

# 紋繡手工筆的使用方法

## *Article 01* 裝針片的方法

### ◆裝圓針

圓針常用於製作點霧法。

**01**

先準備一枝紋繡手工筆及一個全新圓針針片。

**02**

將手工筆的筆頭轉開。

**03**

將圓針包裝紙撕開並往下折，露出針片的前半部。

**04**

將包裝紙對折，並捏住針片。（註：隔著包裝紙，可避免手被針片割傷。）

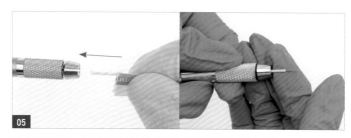

**05**

取手工筆，用單手將針片裝入圓形筆頭插孔。（註：須平行裝入針片。）

**06**

將手工筆的筆頭旋緊。

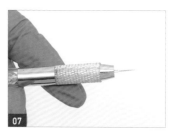

**07**

如圖，圓針裝入完成。

## ◆ 裝單排針

單排針常用於製作飄畫法。

先準備一枝紋繡手工筆及一個全新的排針針片。

將排針包裝紙撕開，露出針片的前半部。

將撕開的包裝紙往下折。

將包裝紙對折，並捏住針片。（註：隔著包裝紙，可避免手被針片割傷。）

取手工筆，用單手將針片裝入十字形筆頭插孔。（註：裝入前須先將筆頭轉開；須斜向裝入針片。）

如圖，單排針裝入完成。（註：裝針後須將筆頭旋緊。）

## ◆ 裝多排針

多排針常用於製作點霧法。

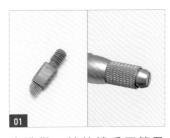

先準備一枝紋繡手工筆及一個全新的排針針片。

將手工筆的筆頭轉開。

將手工筆的筆頭及筆身分離。

將排針裝入手工筆中。（註：須將針片的卡榫裝緊。）

如圖，多排針裝入完成。

## *Article 02* 消毒的方法

**01** 將酒精棉片的包裝紙撕開，取出酒精棉片。

**02** 以酒精棉片擦拭紋繡手工筆。

**03** 以酒精棉片擦拭裝好的針片，即完成消毒。

## *Article 03* 握筆的方法

### ◆ 使用排針時

此為以排針手工操作半永久定妝的握筆方法。

使用排針時，須使紋繡手工筆及假皮形成直角。（註：針片是斜向刺入假皮。）

### ◆ 使用圓針或單針時

此為以圓針或單針，手工操作半永久定妝的握筆方法。

使用圓針或單針時，須使紋繡手工筆及假皮形成直角。（註：針片是垂直刺入假皮。）

## *Article 04* 不同針片的繪製效果比較

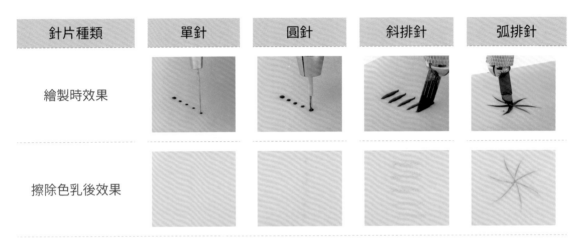

| 針片種類 | 單針 | 圓針 | 斜排針 | 弧排針 |
|---|---|---|---|---|
| 繪製時效果 | | | | |
| 擦除色乳後效果 | | | | |

## *Article 05* 常見的紋繡手工筆走針方法

| 走針方法名稱 | 點霧法 | 飄畫法 |
|---|---|---|
| 紋繡效果 | | |
| 使用時機 | ◆ 操作霧眉時。<br>◆ 操作飄霧眉時。<br>◆ 操作仿真髮際線，填補小範圍空洞時。<br>◆ 操作繡唇，填補小範圍空洞時。 | ◆ 操作飄眉時。<br>◆ 操作飄霧眉時。<br>◆ 操作仿真髮際線，飄畫線條時。 |
| 使用的針片 | 圓針或排針皆可。 | 以排針為主。 |

# 紋繡機器的使用方法

## *Article 01* 裝針片的方法

### ◆ 針帽針頭分離式

此處以針帽、針頭分離的全拋式紋繡機器，示範裝針片的方法。

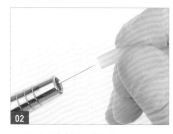

取紋繡機器，並將全新的　取全新的針帽對準針，並裝　如圖，單針裝入完成。
單針裝入筆頭。　　　　　入筆頭。

### ◆ 針帽針頭合一式

此處以針帽、針頭合一的全拋式紋繡機器，示範裝針片的方法。

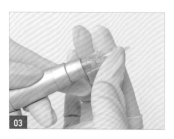

先準備紋繡機器及一個全新　將針頭裝入紋繡機器的插孔。　將針頭旋緊。
機器用針頭。

如圖，針頭裝入完成。

將酒精棉片的包裝紙撕開，取出酒精棉片。

以酒精棉片擦拭紋繡機器。

以酒精棉片擦拭裝好的針片及針帽，即完成消毒。

*Article 03*  **握筆的方法**

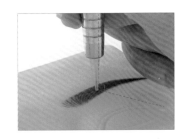

使用圓針或單針時，須使紋繡機器及假皮形成直角。（註：針片是垂直刺入假皮。）

*Article 04*  **不同針片來回繪製的效果比較**

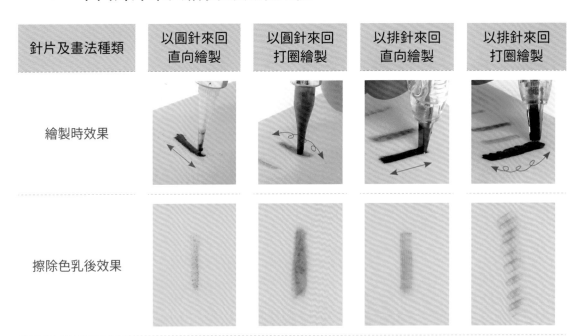

| 針片及畫法種類 | 以圓針來回直向繪製 | 以圓針來回打圈繪製 | 以排針來回直向繪製 | 以排針來回打圈繪製 |
| --- | --- | --- | --- | --- |
| 繪製時效果 | | | | |
| 擦除色乳後效果 | | | | |

| 走針方法名稱 | 紋繡效果 | 使用時機 |
| --- | --- | --- |
| 點霧法 | | ◆ 操作霧眉時。<br>◆ 操作飄霧眉時。<br>◆ 操作仿真髮際線，填補小範圍空洞時。<br>◆ 操作繡唇，填補小範圍空洞時。 |
| 飄畫法 | | ◆ 操作飄眉時。<br>◆ 操作飄霧眉時。<br>◆ 操作仿真髮際線，飄畫線條時。 |
| 打圈畫法 | | 操作新式繡唇，大面積上色時。 |
| Z 字型畫法 | | ◆ 操作隱形眼線時。<br>◆ 操作新式繡唇，製作唇框時。 |

*Tips* 　操作紋繡機器時，移動的速度須適中、穩定，讓點
連成線，千萬不可過快、過慢，或者忽快忽慢，以
免紋繡的製作效果不佳。

●●●●●●●●●●●●　速度適中
●　●　●　●　●　●　速度過快
●●●●●●●●●●●●　速度過慢

# 色乳的調色方法

將色料杯裝入色料杯架中，再將深褐色色乳擠入色料杯。

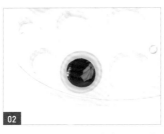

如圖，深褐色色乳擠入完成。

將黑色色乳擠入色料杯。

以棉籤將戒杯中的色乳混合均勻。

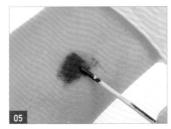

以棉籤取適量色乳，並在手臂的皮膚上塗抹試色。

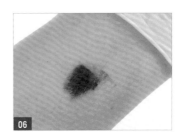

如圖，色乳調色完成。（註：在皮膚上呈現的顏色較準確。）

## *Tips*

★ 調色時，顏色寧可太淺，不可太深。因為混合出的顏色要加深容易，要變淺較難。

★ 調色出的色乳份量寧可多，不可少。以免重新調製第二杯色乳時，兩杯色乳產生色差。

★ 調色時，須將色乳攪拌均勻，以免製作出的紋繡效果顏色不均。

# Eyebrow Microblading

# 眉妝篇

CHAPTER. 02

# 操作繡眉前

在實際操作繡眉前，須先了解眉型對臉部修飾的重要性，並掌握眉型設計的基礎概念，以及學會評估顧客體質狀態，是否適合進行眉部的紋繡操作。

## *Article 01* 眉型設計的重要性

可能有人認為，眉毛只是眼睛上的兩排毛，造型如何並不重要。但事實上，即使是在臉型相同的情況下，只要眉毛的長短、粗細或線條弧度產生變化，就會明顯影響整個臉部五官的協調性及美觀程度。

### ◆ 不同眉型的視覺效果

眉型的差異，可以改變一個人面容散發的氣質。而眉型能產生變化的部分，主要有眉毛的長短、粗細、弧度大小及眉尾的位置高低等。

① 眉毛長 VS 眉毛短

當眉毛較長時，會給人較成熟、穩重的印象；而眉毛較短時，則會給人較年輕、活潑的感覺。

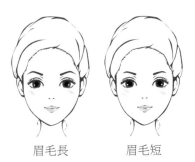

眉毛長　　　眉毛短

② 眉毛粗 VS 眉毛細

當眉毛較粗時，會給人較強勢、嚴厲的印象；而眉毛較細時，則會給人較細膩、溫柔的感覺。

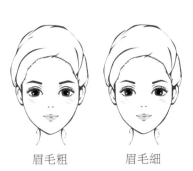

眉毛粗　　　眉毛細

③ 眉毛平VS眉毛彎且有稜角

　　當眉毛較平時，會給人較親切、平易近人的印象；
而眉毛較彎且眉峰稜角較明顯時，則會給人較權威、
難以親近的感覺。

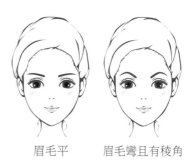

眉毛平　　　眉毛彎且有稜角

④ 眉尾向上VS眉尾向下

　　當眉尾向上時，會給人較張揚、精明幹練的印象；
而眉尾向下時，則會給人較內斂、個性溫和的感覺。

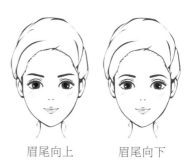

眉尾向上　　　眉尾向下

◆ 真人繡眉前後對比

　　在了解眉型變化對一個人顏值及氣質的影響後，相信有些人即使理解了眉型設計的重
要性，但內心仍會對紋繡眉毛的效果有所疑慮。因此，以下將藉由一組真人繡眉的照片，
呈現眉毛在紋繡前、後所產生的對比效果。

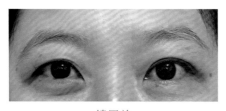

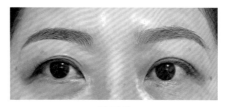

繡眉前　　　　　　　　　　　　　繡眉後

*Article 02* **眉型設計須知**

　　在設計眉型前，紋繡師須先熟悉眉毛的基本構造及標準定位，以及認識紋繡常見的眉形，
並從修飾臉型的角度設計適合對方的眉形，最後再決定要紋繡何種顏色。

　　因為人們的臉型有多種變化，所以每個人最適合的眉型並不是相同的。換言之，只要是
能達到修飾臉型、襯托五官的效果，都算是適合自己的眉型選項。

## ◆ 眉毛的部位名稱介紹

① 眉頭

眉毛的開端位置。

② 眉尖

眉毛的結束位置。

③ 眉峰

眉毛上方的最高點。

④ 眉心

在眉峰正下方的點。

⑤ 眉坡

介於眉頭及眉峰之間的眉毛。

⑥ 眉腰

介於眉頭及眉心之間的眉毛。

⑦ 眉尾

位於眉峰、眉心後半段的眉毛。

## ◆ 眉毛的定位方法

在設計眉型時，首先須找出顧客眉頭、眉峰及眉尖的最佳位置，並用眉筆繪製記號點。眉頭的最佳位置在鼻樑及內眼角形成的虛線①上，眉峰的最佳位置是鼻翼及眼球形成的虛線②上，而眉尖則位於鼻翼向眼尾延伸出的虛線③上。

一般在繪製眉毛時，眉尖的高度不能低於眉頭，且眉頭的高度不能高於眉峰，否則畫出來的眉型不美觀。

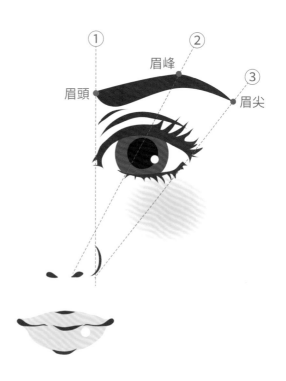

## ◆ 最佳眉眼間距須知

設計眉型時，除了要注意眉頭、眉峰及眉尖等位置外，還須保留適當的眉眼間距，而眉眼間距就是指眉毛上側到瞳孔中間的距離。

2.5cm

一般公認最佳的眉眼間距是2.5公分左右。若眉毛及眼睛距離太遠，看起來年齡會顯得較蒼老；若眉毛距離眼睛太近，則會給人壓迫感，且眼神會顯得較兇狠。

不過，實際在繪製眉毛時，紋繡師通常會依據顧客的臉型比例，微調出適合對方的眉眼間距，所以只要是介於2～3公分之間，都算是耐看的眉眼間距。

## *Article 03* **繪製眉毛的方法**

### ◆ 標準眉簡介

在學習繪製眉型時，須從標準眉開始練習，因為其他的眉型都是由標準眉演變而來。

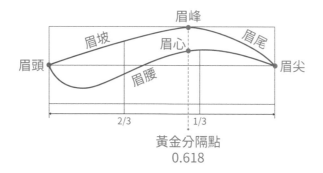

眉峰

眉坡　眉心　眉尾

眉頭　　　　　　　　　　　眉尖

眉腰

2/3　　1/3

黃金分隔點
0.618

標準眉是適合所有臉型的眉型。標準眉的特徵是眉頭及眉尖位在同一個水平高度上，且眉坡及眉腰的線條偏直線，而上、下眉尾的線條則偏弧線。

在繪製比例上，標準眉的眉頭到眉峰長度，約占整條眉毛長度的2/3，而眉峰及眉心則落在整條眉毛偏外側約1/3的位置。

# ◆ 標準眉基本畫法

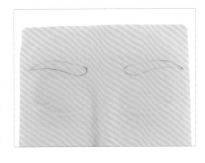

練習在一張全新的假皮上，繪製標準眉型。

*Tools And Materials* 工具及材料

假皮、尺、自動鉛筆、棉花棒、凡士林。

*Step By Step* 步驟說明

» 設計眉型（標準眉）

**01** 先準備一張全新的假皮。

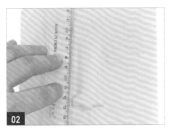

**02** 將尺放在左側眉骨位置。

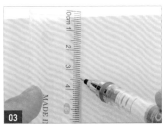

**03** 以自動鉛筆繪製3公分的線條，以標示左側眉骨位置。

**04** 如圖，左側眉骨標示繪製完成。

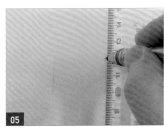

**05** 重複步驟2-4，繪製右側眉骨標示。

**06** 如圖，右側眉骨標示繪製完成。

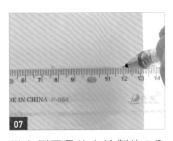

**07** 從右側眉骨往右繪製約5公分線條，以標示右側眉毛長度。

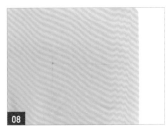

**08** 如圖，右側眉毛長度標示繪製完成。

**09** 重複步驟7，繪製左側眉毛長度標示。

10

如圖，左側眉毛長度標示繪製完成。

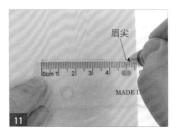

11

在右側眉毛5公分處繪製記號，為右側眉尖位置。

12

如圖，右側眉尖位置標示繪製完成。

13

重複步驟11，繪製左側眉尖位置標示。

14

如圖，左側眉尖位置標示繪製完成。

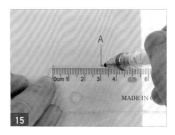

15

在右側眉毛3公分處繪製記號，為點A。

16

如圖，點A繪製完成。

17

以棉花棒沾取凡士林。

18

以棉花棒去除多餘鉛筆線。
（註：以凡士林取代橡皮擦，以免橡皮擦屑干擾製作。）

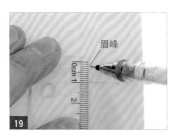

19

在點A上方約1.5公分處繪製記號，為右側眉峰位置。

20

如圖，右側眉峰位置標示繪製完成。

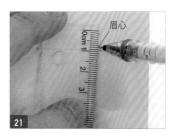

21

在點A上方約0.85公分處繪製記號，為右側眉心位置。

22 如圖，右側眉心位置標示繪製完成。

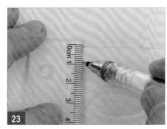

23 在右側眉骨下方約0.85公分處繪製記號，為下方眉頭位置。

24 如圖，右眼下方眉頭位置標示繪製完成。

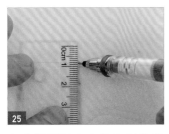

25 在右側眉骨上方約0.15公分處繪製記號，為上方眉頭位置。

26 如圖，右眼上方眉頭位置標示繪製完成。

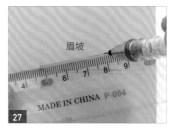

27 將右眼上方眉頭及眉峰間繪製線段，為眉坡。

28 如圖，右側眉坡繪製完成。

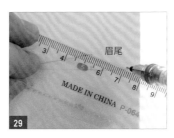

29 將右側眉峰及眉尖間繪製線段，為眉尾。

30 如圖，右側眉尾繪製完成。

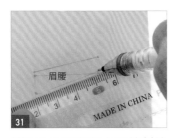

31 將下方眉頭及眉心間繪製線段，為右側眉腰。

32 如圖，右側眉腰繪製完成。

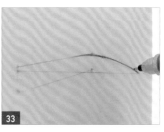

33 以自動鉛筆將眉尾繪製成弧線。

**34**

先將假皮轉向，再以自動鉛筆持續繪製弧線，以連接眉尖及眉腰。

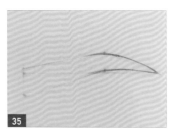

**35**

如圖，右側眉尾弧線繪製完成。

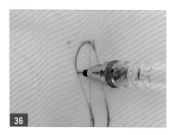

**36**

先將假皮轉向，再將右側眉頭繪製成弧線。

**37**

如圖，右側眉頭弧線繪製完成。

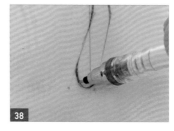

**38**

重複步驟 11-36，繪製左側眉毛。

**39**

如圖，左側眉毛繪製完成。

**40**

重複步驟 17-18，去除右側眉毛的多餘鉛筆線。（註：以凡士林取代橡皮擦，以免橡皮擦屑干擾製作。）

**41**

如圖，多餘鉛筆線去除完成。

**42**

以自動鉛筆加強描繪右側眉毛的外框。

**43**

如圖，右側眉毛外框繪製完成。

**44**

重複步驟 40-42，加強描繪左側眉毛的外框。

**45**

如圖，標準眉基本畫法 1 製作完成。

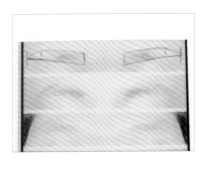

練習在具有毛流的真人實拍假皮上,繪製標準眉型。

*Tools And Materials* 工具及材料

真人實拍假皮、眉尺、眉筆、手套。

*Step By Step* 步驟說明

» 設計眉型(標準眉)

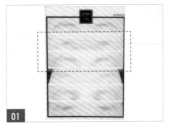

**01**
先準備一張全新的真人實拍假皮。

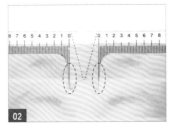

**02**
將眉尺放在真人實拍假皮上。(註:眉尺須對準眉骨位置。)

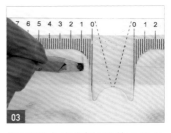

**03**
以眉筆在左側眉毛約1公分處繪製線條,以標示左側眉頭位置。

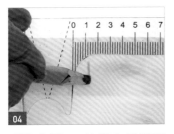

**04**
重複步驟3,繪製右側眉頭位置。

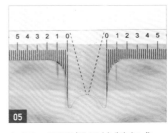

**05**
如圖,眉頭標示繪製完成。

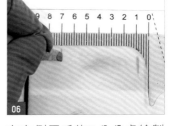

**06**
在左側眉毛約7公分處繪製線條,以標示左側眉峰位置。

**07**
重複步驟6,繪製右側眉峰位置。

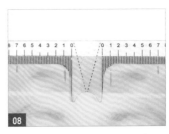

**08**
如圖,眉峰標示繪製完成。

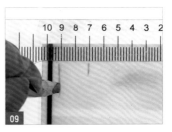

**09**
在左側眉毛約9.1公分處繪製線條,以標示左側眉尾位置。

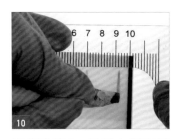

重複步驟9，繪製右側眉尾位置。

如圖，眉尾標示繪製完成。

以眉筆繪製弧線，為左側眉坡及上方眉尾。

以眉筆繪製弧線，為左側眉腰及下方眉尾。

如圖，左側眉毛外框繪製完成。

重複步驟12，繪製右側眉坡及上方眉尾。

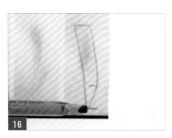

重複步驟13，繪製右側眉腰及下方眉尾。

如圖，標準眉基本畫法2製作完成。

◆ 常見眉型介紹

① 標準眉：

 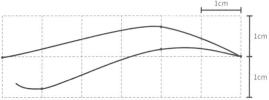

② 燕尾眉：

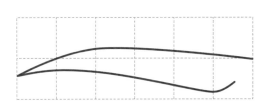 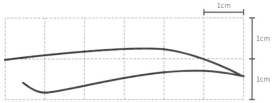

③ 平眉：

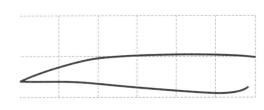 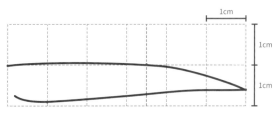

④ 一字眉：

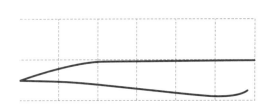 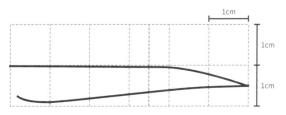

⑤ 上揚眉：

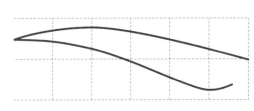 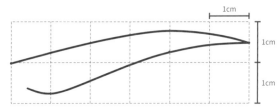

⑥ 劍眉：

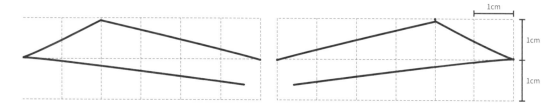

## ◆ 不同臉型適合的眉型

　　一個人理想的臉部長寬比例，被稱為「三庭五眼」。而眉毛位置的高低及兩條眉毛的間距，剛好會分別影響臉部長度及寬度的比例觀感。再加上眉毛線條的長度及弧度變化，可以輔助平衡不同臉型的特質，所以才會出現不同臉型有各自適合眉型的說法。

① 三庭五眼簡介

　　「三庭」是指將臉部的長度分成三等分，分別是上庭、中庭及下庭。上庭是髮際線到眉毛的距離，中庭是眉毛到鼻底的距離，下庭是鼻底到下巴的距離。當一張臉的上、中、下庭越接近平均的三等分，就越會被認為是完美的臉部長度比例。

　　「五眼」是指將臉部的寬度分成五等分，而每一等分的寬度正好就是一隻眼睛的寬度。當左側髮際線、左眼外眼角、左眼內眼角、右眼內眼角、右眼外眼角及右側髮際線這六個點之間，五段距離越接近平均的五等分，就越會被認為是完美的臉部寬度比例。

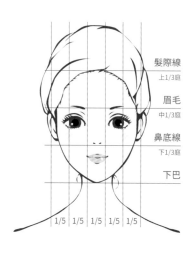

② 臉型及眉型的搭配原則

　　不同臉型及眉型的搭配原則，大致上可以歸納成兩點：一是臉型比例，二是臉型線條感。

　　從臉型比例思考眉型搭配，重點就在於透過眉型將顧客的臉部比例，盡量調整成三庭五眼的審美標準進行設計。例如：當顧客屬於中庭較長的長臉型，紋繡師就可以設計寬度較粗、或位置較低的眉毛，來達到縮短顧客中庭長度的視覺效果。

　　而從臉型線條感來思考眉型搭配，重點則在於平衡原本臉部缺少的線條美感。例如：當顧客屬於線條感較明顯的方臉、三角臉或菱形臉時，紋繡師就可以考慮設計眉峰較圓弧的眉型，以透過圓滑的弧線，使臉型看起來更柔和、更有親切感。

③ 不同臉型常見的眉型搭配

以下為各種臉型常見的眉型搭配，可提供想成為紋繡師的人，作為眉型設計的參考。

鵝蛋臉

臉型名稱　鵝蛋臉、標準臉。

臉型特質　最標準比例的臉型，基本上任何眉毛都可搭配。

眉型設計重點　維持原本臉型的美感。

適合眉型　標準眉即可。

NG眉型　弧度大的眉型較不適合。

圓形臉

臉型名稱　圓形臉。

臉型特質　臉部線條圓潤，氣質較可愛、天真。

眉型設計重點　減弱臉型圓潤感，將臉部比例拉長，達到顯瘦的效果。

適合眉型　高挑上揚的眉型，眉峰角度可較明顯，使眉尾有一定弧度。

NG眉型　筆直短粗的眉型、彎弓細眉型。

長形臉

臉型名稱　長形臉。

臉型特質　臉型較長且角度明顯，給人成熟的氣質。

眉型設計重點　使臉部長度比例縮短，可加寬雙眉間的距離，或降低眉峰及眉尾的位置。

適合眉型　平眉、一字眉，眉型宜粗。

NG眉型　弧度太彎、眉尾太上揚或整體太細的眉型，會使臉型看起來更拉長。

方形臉

臉型名稱　方形臉、國字臉。

臉型特質　臉型角度及輪廓明顯。

眉型設計重點　以有弧度的眉毛，軟化臉部的稜角輪廓，並適度拉長臉型比例。

適合眉型　眉峰較圓潤的眉型。眉心可稍微上挑，而眉尾可微微下垂。

NG眉型　筆直短細眉型，雙眉間距太窄。

錐形臉

臉型名稱　錐形臉、倒三角臉、小V臉。

臉型特質　臉部上方較寬，下方較窄，且臉型角度明顯。

眉型設計重點　縮短臉部上方的寬度，減弱臉型的稜角。

適合眉型　較柔和的粗平眉、或稍有弧度的弧形眉。

NG眉型　眉峰角度銳利的眉型。

心形臉

臉型名稱　心形臉、蘋果臉。

臉型特質　和三角形臉類似，都是臉部下方較窄，且臉型角度明顯。

眉型設計重點　縮短臉部上方的寬度，減弱臉型的稜角。

適合眉型　稍粗的平眉，或圓潤柔和的弧形眉。

NG眉型　眉峰角度銳利的眉型。

菱形臉

臉型名稱 菱形臉、申字臉。

臉型特質 額頭及下巴較窄，臉部中間較寬。

眉型設計重點 製造擴大額頭寬度的視覺效果。

適合眉型 平直且修長的眉毛，眉峰及眉心須盡量向外延伸。

NG眉型 弧度較大或較粗的眉型。

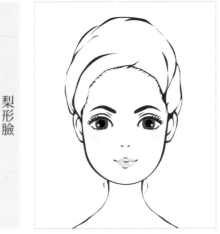

梨形臉

臉型名稱 梨形臉、由字臉、正三角臉。

臉型特質 額頭較窄，臉部下方較寬，給人較富態的感覺。

眉型設計重點 製造縮小臉部寬度的視覺效果。

適合眉型 較細長、較平緩的眉毛。

NG眉型 太短的眉型，會凸顯臉部寬度。

④ 眼型及眉型的搭配原則

　　不同眼型及眉型的搭配原則，大致可歸納成兩點：一是兩眼間距，二是眼睛大小及形狀。

　　從兩眼間距思考眉型搭配，重點就在於透過眉型將顧客的兩眼間距，盡量調整成五眼的審美標準進行設計。例如：當顧客的兩眼間距較寬，則眉毛間距要畫小一點；若顧客的兩眼間距較窄，則眉毛間距要畫大一點。

　　而從眼睛大小及形狀來思考眉型搭配，重點則在眉毛與眼型的視覺平衡，例如：較小的眼睛就搭配較細的眉毛；眼尾較上揚的眼型，可盡量搭配眉毛弧度較平緩的眉型等。

標準眼距

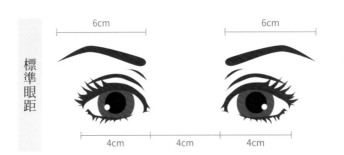

當顧客的眼距剛好約等於一隻眼睛的長度時，眉頭的位置可超越內眼角一點點。

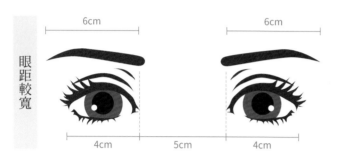

當顧客的眼距明顯小於一隻眼睛的長度時，兩條眉毛的位置應該要往外分開一點，使眉頭大約位在內眼角及眼珠之間。

眼距較寬

當顧客的眼距明顯大於一隻眼睛的長度時，應讓約1/3的眉毛往內互相靠近，並超過內眼角的位置。

眼睛較小

當顧客眼睛較小時，應搭配較細的眉毛，使眉眼比例看起來是平衡的。

眼睛較大

當顧客眼睛較大時，則可搭配較粗的眉毛，以免給人眉輕眼重的突兀感。

眼尾下垂

當顧客的眼睛屬於眼角下垂型時，眉尾應設計成上揚的樣式，以創造更有精神及活力的眼神。

當顧客的眼睛屬於眼尾上揚時，眉尾應設計成往下的樣式，以免使顧客的眼神看起來太兇。

## ◆ 眉色的搭配方法

### ① 影響繡眉顏色呈現的因素

確認好紋繡的眉型後，紋繡師還須決定顧客繡眉的顏色。一般繡眉最終顏色，會受到使用的色乳顏色、色乳調配比例、操作時進針的疏密、針刺入皮膚的深淺，以及修復期間的照顧狀況等因素影響。

當使用的色乳顏色較深、進針密度較高、刺入皮膚的程度較深及修復期照顧狀況較佳，最終呈現的眉色就較深，且上色明顯。反之，當使用的色乳顏色較淺、進針密度較低、刺入皮膚的程度較淺及修復期照顧狀況不佳，例如：忍不住用手摳掉結痂，則最終的眉色就會較淡或上色不明顯。

### ② 影響眉色搭配的考慮因素

紋繡師在操作半永久化妝時，如何選擇色乳的使用顏色？在替顧客挑選適合的色乳顏色時，須考慮顧客當下的髮色、膚色、眉色，以及顧客平時的化妝習慣。

繡眉所使用的色乳顏色，應與髮色及眉色同色系，且使用的顏色不可比髮色更深。而在膚色的考量上，若顧客膚色偏黑，則可在調色時加入少許黑色色乳，以使上色效果較明顯；若顧客膚色偏白，則可在調色時加入少許咖啡色色乳，以使膚色呈現稍微紅潤的效果。至於平時化妝習慣的部分，若顧客平時喜愛畫濃妝，則可選擇較深的顏色；若顧客平時習慣淡妝或素顏，則建議使用較淡的顏色進行繡眉。

### ③ 繡眉色乳顏色簡介

目前市面上有許多色乳的品牌，所以即使是相同顏色的色乳，在不同品牌下的顏色名稱可能不同。不過，整體上常用的繡眉色乳顏色，可大致分為主要顏色及輔助顏色兩種類別，主要顏色是常用在繡眉上色時，直接使用或調色後使用的色系；而輔助顏色是常用於轉色或製作修飾效果的顏色。

在主要顏色中，可細分成黑色系、灰色系及咖啡色系。其中黑色系及灰色系色乳，皆為可直接使用，也可先加入其他色乳調色後再使用。但是，咖啡色系色乳為顏色組成較偏紅的色乳，所以使用前建議先與黑色系或灰色系色乳進行調色，以避免顧客繡眉的顏色產生變紅的問題。另外，輔助顏色則有土黃色、白色、膚色、橙咖啡色及綠咖啡色。關於繡眉常用色，請參考 P.31。

| | | | |
|---|---|---|---|
| **黑色系** | 製作眉毛不可使用最深的黑色色乳，以免眉色看起來太沉重。 | **白色** | 調色時不小心顏色太深，或繡眉時超出製作範圍，須遮蓋其他顏色時使用。 |
| **灰色系** | 可大致分為深灰色及淺灰色，常用於調色，以製作自然顏色的眉毛。 | **膚色** | 繡眉時超出製作範圍，須遮蓋其他顏色時使用。 |
| **咖啡色系** | 由紅色、黃色及藍色色乳調配製作而成，而不同深淺的咖啡色系，差別在於三色比例的不同。 | **橙咖啡色** | 將變藍的眉毛轉色時使用。 |
| **土黃色** | 可少量加入色乳中調色，以預防眉色產生變色問題。或是在繡眉最後，以土黃色色乳再輕繡或塗抹一次眉毛，可製作出半透明的質感。 | **綠咖啡色** | 將變紅的眉毛轉色時使用。 |

④ 關於眉色的其他須知

| | |
|---|---|
| **以不同深淺色，製造立體感** | 若要紋繡出具有立體感的眉毛，可在操作時，以不同深淺的顏色製作主線條、副線條及陰影。主線條為較明顯的眉毛線條，使用顏色最深；副線條為絨毛，使用顏色可較淺；而陰影部分則可使用更淡的顏色，使製作出的眉毛層次分明。 |
| **眉頭顏色較淺，眉尾顏色較深** | 因為眉頭的原生眉毛較粗且多，因此上色時可只製作較淺的顏色；而眉尾的原生眉毛較細且少，因此上色時須製作較深的顏色，使整條眉毛能和諧連接。 |
| **油性膚質者，適合深色色乳** | 替油性膚質顧客的眉毛上色時，色乳容易被皮膚分泌的油脂阻隔，造成上色不易的狀況。因此建議可以較深色的色乳製作眉毛，以確保上色狀況較穩定。 |

## ◆ 面對不同膚質的注意事項

　　紋繡師在替顧客繡眉時，除了眉型設計及眉色挑選外，還須根據顧客的膚質不同，而調整自己操作紋繡的方式。顧客的膚質可分為：油性、中性、乾性、混合性及過敏性肌膚。

### ① 油性膚質

　　毛孔粗大，且皮膚容易出油的體質。紋繡師容易在這類膚質的顧客上，遇到難上色且易暈色的問題。因皮膚分泌的油脂會阻礙色乳上色，所以在操作紋繡前，須先以酒精去除皮膚表面多餘的油脂，並以液態狀色乳，加上運用機器、單針的方式進行繡眉，以提高上色率及留色率。

### ② 中性膚質

　　中性膚質的顧客對紋繡師而言，是最容易操作繡眉的客群。因為中性膚質易上色、不易暈色或脫色，也不太會有紅腫或出血的狀況出現。

### ③ 乾性膚質

　　皮膚較薄、毛孔較小的乾燥膚質。這類膚質雖然易上色，但後期容易因缺乏水分而產生眉色變藍的狀況，所以建議紋繡師面對此類膚質的顧客時，不要期待一次完成上色，而是要改為入針淺且分多次上色，以做出不易變色的眉毛。

### ④ 混合性膚質

　　膚質狀況會依照季節不同而變化，例如：夏天易出油，冬天易乾燥；或是臉部的不同部位，可能同時出現乾燥及過油的狀況。面對這類型的顧客時，紋繡師須依照顧客當下的膚質狀況，判斷出適合的操作方法。

### ⑤ 過敏性膚質

　　皮膚較薄、容易出血或產生紅腫反應的皮膚狀況。在替敏感性膚質顧客紋繡時，操作手法要輕、下針深度要淺，且適合選用較淺色的色乳進行紋繡。若顧客的過敏症狀嚴重，則須等待顧客的症狀緩解後，再開始操作。

| 膚質分類 | 膚質特色 | 紋繡注意事項 |
| --- | --- | --- |
| 油性膚質 | ◆ 臉色易暗沉，且常泛油光。<br>◆ 容易長粉刺或痘痘。<br>◆ 上妝後，容易因出油而脫妝。 | 操作紋繡前，須先以酒精去除皮膚表面多餘的油脂。 |
| 中性膚質 | 臉部時常紅潤、有光澤，沒有太大問題。 | 對紋繡師而言，是最容易操作紋繡的客群。 |
| 乾性膚質 | ◆ 臉部肌膚易乾燥、脫皮。<br>◆ 上妝時，粉類難以服貼肌膚。 | 操作紋繡時，須入針淺且分多次上色。 |

| | | |
|---|---|---|
| 混合性膚質 | ◆ 臉部的 T 字部位（額頭、鼻子）及臉頰，經常其中一處泛油，另一處卻乾燥。<br>◆ 可能膚質狀況會依照季節不同而變化。 | 紋繡師須依照顧客當下的膚質狀況，判斷出適合的操作方法。 |
| 過敏性膚質 | ◆ 肌膚對多數保養品或化妝品過敏。<br>◆ 臉部容易冒小疹子，經常又紅又癢。 | 紋繡時，操作手法要輕、下針深度要淺，且適合選用較淺色的色乳進行紋繡。 |

## Article 05　不適合做半永久眉妝者的條件

### ◆ 患有傳染病者

因愛滋病、B 型肝炎等病症的病毒可藉由血液、淚液等途徑傳播，而新式紋繡的過程會刺破人體免疫的第一道防線，也就是皮膚。為了避免傳染病交叉感染，所以患有傳染病者不適合繡眉。

另外，患有傳染性皮膚病者，同樣為了避免接觸感染，所以也不適合繡眉。

### ◆ 凝血功能不佳者

儘管新式紋繡的入針深度淺，但仍有少許出血的可能性，所以不論是因患有血小板減少症、血友病、糖尿病等病症，或因兩周內服用過含有阿斯匹林等，會降低凝血功能的藥物，所導致凝血功能不佳者，皆不宜進行繡眉。

### ◆ 易產生疤痕體質者

例如：具有蟹足腫體質者。因為這類型的人在紋繡後，很可能會因容易留疤而影響繡眉的效果，甚至誘發蟹足腫增生的症狀，所以不建議易產生疤痕體質者進行繡眉。

### ◆ 眉部有傷口未癒者

近期眉部受過傷、或曾在眉部附近動過手術，且傷口尚未痊癒者，須等到傷口完全復原後，才能進行繡眉。

### ◆ 眉部有發炎或病變者

近期眉部有血管瘤、皮脂腺囊腫、脂溢性皮炎等病變，或患有膿、毛囊炎等感染者，建議先將病症治癒後，再進行繡眉。

### ◆ 正值懷孕期和哺乳期的女性

新式紋繡色乳所含的色素，不僅會被皮膚吸收，還有少部分色素會透過血液循環進入母乳的可能性存在，所以為了避免對嬰兒產生影響，會建議正值哺乳期的女性先不要做繡眉。

另外，因任何輕微的疼痛都可能引起孕婦的子宮收縮，甚至導致流產，所以女性應避免在懷孕期間進行紋繡。

### ◆ 正值經期的女性

因女性在經期期間，血液中的纖維蛋白酶原的前體激活物會增加，而這個物質會破壞傷口癒合時的凝血塊，造成紋繡後的傷口較難癒合，從而增加傷口感染的風險，所以建議女性繡眉時應避開經期。

### ◆ 精神狀態異常者

從設計眉型到操作繡眉的完整過程，可能須歷時1～2小時，若精神狀態不穩定，難以維持躺下姿勢，會對紋繡師的操作造成不便，進而影響最終的紋繡效果，因此精神狀態不穩定者，不適合進行繡眉。

### ◆ 具有過敏體質者

若對紋繡色乳成分過敏者，不適合進行繡眉，以免在紋繡的過程中，誘發出過敏的症狀。

### ◆ 嚴重心臟病、高血壓患者

在操作紋繡過程中，顧客可能會因緊張而血壓升高，造成嚴重心臟病或高血壓患者的病情不穩定，因此這類型的人不適合進行繡眉。

### ◆ 慣性中風、關節炎患者

因這類型的病患隨時都有發病的可能，基於對顧客健康的考量，不建議進行繡眉。

## ◆ 對繡眉效果過度要求完美者

　　雖然繡眉應追求對稱的美感，並可達到協調五官、修飾臉形的效果。但人天生的眉骨高低、眼睛大小並不完全對稱，因此若是要求繡眉效果須非常完美，或絕對地對稱，則不適合進行繡眉。

## ◆ 過度在意價格者

　　若有顧客忽略紋繡是一門專業技藝，而認為紋繡師的繡眉費用過高，並企圖砍價、壓低價格，且經過溝通後仍無法接受訂價者，就不適合進行繡眉。

## ◆ 未滿20歲者

　　因民法規定，臺灣法定年齡20歲，才是具有完全行為能力的成人，所以建議顧客年滿20歲後，再進行繡眉。

| 不適合做半永久眉妝的條件 | 原因說明 |
| --- | --- |
| 患有傳染病者 | 容易將特定疾病傳染給他人。 |
| 凝血功能不佳者 | 容易傷口感染。 |
| 易產生疤痕體質者 | 容易因紋繡而誘發特定病症，例如：使蟹足腫增生；或易因疤痕體質，造成紋繡效果不佳。 |
| 眉部有傷口未癒者 | 有因紋繡而使傷口感染的風險。 |
| 眉部有發炎或病變者 | 有因紋繡而使病變加劇的風險。 |
| 正值經期的女性 | 凝血功能下降，容易傷口感染。 |
| 正值懷孕期和哺乳期的女性 | 有在紋繡過程中流產，或對嬰兒造成不良影響的風險。 |
| 精神狀態異常者 | 有嚴重影響紋繡操作過程及製作效果的風險。 |
| 具有過敏體質者 | 容易因紋繡而誘發過敏症狀。 |
| 嚴重心臟病、高血壓患者 | 有在紋繡過程中發病的風險。 |
| 慣性中風、關節炎患者 | 有在紋繡過程中發病的風險。 |
| 對繡眉效果過度要求完美者 | 因紋繡效果可能無法滿足顧客需求。 |
| 過度在意價格者 | 不理解紋繡後的價值，或不願意付出合理的報酬。 |
| 未滿20歲者 | 具有紋繡同意書簽名後，缺乏法定效力的疑慮。 |

# 開始操作繡眉

在完成簽署同意書、設計眉型、拍攝繡眉前照片等準備工作後，即可開始操作繡眉。而在眉部操作新式紋繡的種類，可分為霧眉、飄眉及飄霧眉。關於紋繡的半永久定妝術的基本操作流程的詳細說明，請參考 P.18；關於常見半永久定妝術部位介紹的詳細說明，請參考 P.16。

紋繡師可以選擇使用手工筆或機器進行操作，以下將以圖文步驟及影片 QRcode，示範假皮教學及真人操作的霧眉、飄眉和飄霧眉製作方法。

*Article 01* **手工霧眉**

## ◆ 假皮教學

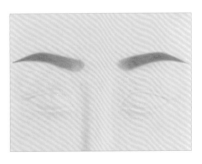

*Tools And Materials* 工具及材料

假皮、尺、自動鉛筆、棉花棒、凡士林、不織布、圓3針、三排彎彎繡16針、紋繡手工筆、色料杯架、色料杯、黑色色乳。

*Step By Step* 步驟說明

» 右側眉毛初步上色

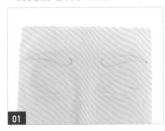

**01**

先在假皮上繪製標準眉形。（註：標準眉基本畫法1請參考 P.46。）

**02**

將色料杯裝入色料杯架中，再將黑色色乳擠入色料杯。

**03**

將三排彎彎繡16針的針片，裝入紋繡手工筆中。（註：裝針片的方法請參考 P.34。）

04

以針片沾黑色色乳。（註：須在色料杯邊緣刮除多餘色乳。）

05

霧眉時，須使手工筆桿及假皮形成直角。（註：針片是斜向刺入假皮；點霧法請參考 P.36。）

06

以手工筆將針片刺入右側眉框中，以將色乳上色。（註：霧眉時，排針可較大面積的上色。）

07

重複步驟6，持續上色。（註：眉頭顏色較淡，眉尾顏色較深。）

08

如圖，第一次上色完成。

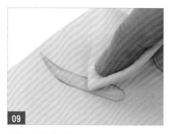

09

以不織布擦除多餘色乳。

10

如圖，第一次擦除完成。

11

重複步驟6-7，進行第二次上色。

12

重複步驟9，擦除多餘色乳。

13

重複步驟6-7，進行第三次上色。（註：開始針對顏色較淡處，局部上色。）

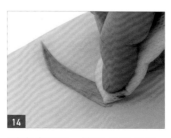

14

重複步驟9，擦除多餘色乳。

15

重複步驟13，持續局部上色。

16　重複步驟9，擦除多餘色乳。

17　將圓3針裝入紋繡手工筆中。（註：裝針片的方法請參考P.33。）

18　以針片沾黑色色乳。（註：須在色料杯邊緣刮除多餘色乳。）

19　以手工筆將針片刺入右側眉形邊緣，進行上色。（註：圓針或單針常用於製作框線或細部上色。）

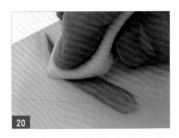

20　重複步驟9，擦除多餘色乳。

21　如圖，右側眉毛初步上色完成。

» 加強右側眉毛上色及完成左側眉毛製作

22　以不織布沾取凡士林。（註：須使用全新的乾淨不織布。）

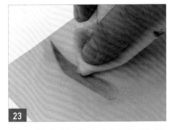

23　以不織布擦除右側眉框的鉛筆線。（註：擦除鉛筆線後，可確認邊緣是否充分上色。）

24　如圖，鉛筆線擦除完成。

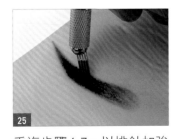

25　重複步驟6-7，以排針加強上色。（註：修補時，色料不可沾太多，且下筆力道較輕。）

26　以不織布擦除多餘色乳，完成右側眉毛製作。

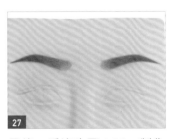

27　最後，重複步驟4-26，製作左側眉毛，即完成手工霧眉製作。

# ◆ 真人操作

*Tools And Materials* 工具及材料

口罩、手套、修眉刀、濕紙巾、眉筆、眉尺貼、髮帶、鏡子、戒杯、刮棒、
紋繡手工筆、圓3針、圓1針、108手工針、棉花棒、剪刀、保鮮膜、冰敷袋、
不織布、濕紙巾、定位筆、眉尺、不鏽鋼盤、油性清潔液、淺褐色色乳、中
褐色色乳、巧克力色色乳、土黃色色乳。

操作真人 手工霧眉
動態影片 QRcode

**紋繡前 Before**

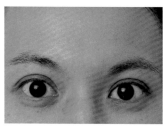  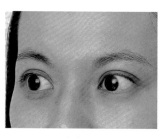

| 正面 | 右側面 | 左側面 |

▼

**操作前的狀態**

眉頭及眉尾的毛量較稀疏，紋繡會較難上色。顧客臉部較小，眉型設計應偏細，較
符合顧客的氣質。

▼

**紋繡後 After**

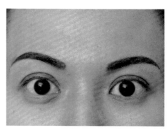  

| 正面 | 右側面 | 左側面 |

▼

**操作後的狀態**

眉型看起來變細長且顏色更濃密，具有擦上眉粉的視覺效果。

### 手工霧眉的流程

STEP 01　協助顧客綁髮帶。

STEP 02　協助顧客卸妝、清潔臉部。

STEP 03　拍攝紋繡前的照片。

STEP 04

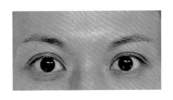

以修眉刀稍微修整顧客的眉毛。

STEP 05　以眉尺貼及眉筆設計適合顧客的眉型。（註：在顧客躺下的狀態設計眉型後，須再請顧客坐立，並進行設計上的微調，以確保造型設計更細緻，因顧客躺下及坐立時的臉部肌膚受地心引力拉扯的方向不同，可能會造成眉型上些微的差異。而在撕下眉尺貼後，也須視情況決定是否微調眉型設計，因眉尺貼也可能會牽動臉部肌膚的位置。）

STEP 06　提供顧客鏡子，以確認眉型設計。

STEP 07

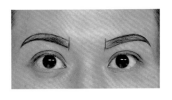

拍攝眉型設計完成的照片。

STEP 08　以定位筆繪製出眉型的製作範圍。（註：以定位筆定位眉型時，須將定位點繪製在眉型內框，以免製做出太粗的眉毛。）

STEP 09　調配適合顧客眉色的色乳。（註：色乳顏色須近似顧客的原本髮色；此教學以淺褐色、中褐色及巧克力色色乳調勻後示範。）

STEP 10　將針片裝入紋繡手工筆。（註：此教學以108手工針、圓3針及圓1針示範；裝針片的方法請參考 P.33-34。）

STEP 11　以針片沾色乳，並進行紋繡。（註：以點霧手法製作毛量濃密、像是擦過眉粉的視覺效果；先使用108手工針點霧，進行大面積上色，再使用圓3針及圓1針點霧，將眉型內的空洞及邊緣細節上色。）

STEP 12　第一次紋繡後，以棉花棒沾色乳塗抹在紋繡過的部位。（註：塗抹時可稍微用力搓揉肌膚，以加強上色。）

STEP 13　以剪刀剪下適當大小的保鮮膜，並覆蓋在塗抹色乳的部位上。

STEP 14　將冰敷袋放在保鮮膜上，冰敷約5～10分鐘，以加強上色。（註：敷色乳的時長，可依照顧客膚質的上色難易度，進行延長或縮短。）

STEP 15　移除冰敷袋及保鮮膜，並以濕紙巾擦掉多餘色乳。

STEP 16　以濕紙巾稍微用力按壓紋繡過的部位，以擦除組織液。（註：擦掉組織液，可防止傷口修復時結痂太厚，而導致掉色太多。）

STEP 17　請顧客坐立，重新以定位筆定出須製作的眉型。

STEP 18　重複步驟11-16，完成第二次紋繡上色。（註：紋繡時，若紋繡師難以辨認是否還有未上色的空洞位置，可以邊紋繡邊擦除眉毛上的多餘色乳，以仔細檢查顧客眉毛的上色程度。）

STEP 19　重複步驟17-18，完成第三至五次紋繡上色。（註：最後一次敷色乳的時長可較長，以加強上色；手工霧眉的力度通常比機器霧眉淺，所以上色次數會比機器霧眉多；因這位真人模特的右眉尾有舊疤，導致較難上色，所以紋繡師在膚色乳時，曾選擇將眉尾敷較深色的色乳，而其餘眉部敷較淺色的色乳，以加強上色；操作真人紋繡的上色次數，可依照顧客的實際上色程度調整。）

STEP 20　在眉毛上色完成後，可在眉毛上塗抹一次土黃色色乳並擦除，以使眉毛顏色更柔和。

STEP 21　以油性清潔液及濕紙巾將顧客臉部清潔乾淨。

STEP 22　最後，拍攝紋繡後的照片即可。（註：紋繡師須教導顧客如何保養及照顧紋繡的傷口，並可請顧客每天拍攝並傳送紋繡部位的照片給紋繡師，以評估是否須進行補色。）

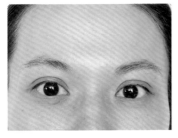
① 紋繡前

② 紋繡上色一次

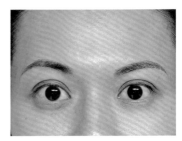
③ 紋繡上色兩次

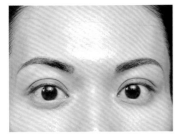
④ 紋繡上色三次

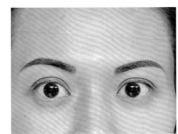
⑤ 紋繡上色四次

⑥ 紋繡上色五次（完成）

# Tips

★ 眉筆不能太粗，且筆頭要削成扁平狀，才比較好畫眉型，並畫的較工整。

★ 設計眉型時，要睜開眼睛設計才準確。

★ 操作繡眉時，一定要撐開皮膚做，才能上色均勻。

★ 以針片沾色乳後，須在色料杯邊緣刮除針上多餘的色料，以免多餘色料影響紋繡師操作的視線。

★ 點霧眉毛邊緣時，須施力較小，否則容易使眉毛框感太明顯、不自然。

★ 每次上色後，建議都要請顧客坐立，讓紋繡師重新定位或修整眉毛，以確保製作出足夠精準的眉型。

★ 建議新手製作紋繡時，第一次上色不必太深，以免後續較難調整或修改眉型、眉色。

★ 若在操作紋繡的過程中，紋繡師注意到顧客因眉毛較稀疏、眉部有舊疤痕等因素，而較難上色時，可選擇在點霧時稍微加重力道、增加上色次數、延長敷色時間或再調配稍微更深色的色乳，進行紋繡或敷色。

## *Article 02* 機器霧眉

### ◆ 假皮教學

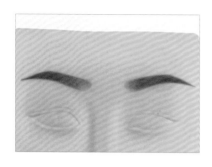

*Tools And Materials* 工具及材料

假皮、尺、自動鉛筆、棉花棒、凡士林、色料杯架、
色料杯、單針、紋繡機器、不織布、黑色色乳。

*Step By Step* 步驟說明

» 右側眉毛初步上色

**01**

先在假皮上繪製標準眉形。
（註：標準眉基本畫法1請參
考 P.46。）

**02**

將色料杯裝入色料杯架中，
再將黑色色乳擠入色料杯。

**03**

將單針裝入紋繡機器中。
（註：裝針片的方法，請參
考 P.37。）

**04**

將紋繡機器插電、開機，並
以針片沾黑色色乳。（註：
須在色料杯邊緣刮除多餘色
乳。）

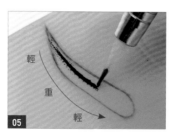

**05**

以紋繡機器將針片由眉尾往
眉頭方向繪製線條。（註：
繪製力道為輕→重→輕。）

**06**

重複步驟5，持續繪製線條，
以將色乳上色。（註：此機器
出針長度約0.1～0.15公分。）

07 重複步驟5-6，持續上色。
（註：眉頭顏色較淡，眉尾顏色較深。）

08 如圖，第一次上色完成。

09 以不織布擦除多餘色乳。

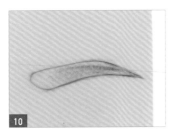

10 如圖，第一次擦除完成。

11 重複步驟5-7，進行第二次上色。

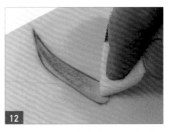

12 重複步驟9，擦除多餘色乳。

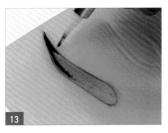

13 重複步驟5-7，進行第三次上色。（註：開始針對顏色較淡處，局部上色。）

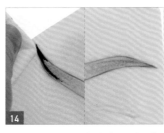

14 重複步驟9，擦除多餘色乳。

15 重複步驟13，持續局部上色。

» 加強右側眉毛上色及完成左側眉毛製作

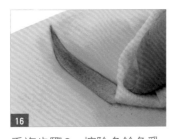

16 重複步驟9，擦除多餘色乳。

17 如圖，右側眉毛初步上色完成。

18 以不織布沾取凡士林。（註：須使用全新的乾淨不織布。）

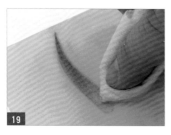

19 以不織布擦除右側眉框的鉛筆線。（註：擦除鉛筆線後，可確認邊緣是否充分上色。）

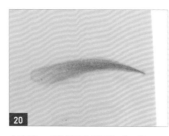

20 如圖，鉛筆線擦除完成。

21 重複步驟5-7，以單針加強上色。（註：修補時，色料不可沾太多。）

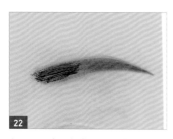

22 如圖，加強上色完成。

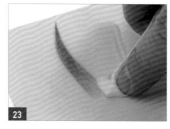

23 重複步驟9，擦除多餘色乳。

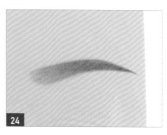

24 如圖，右側眉毛製作完成。

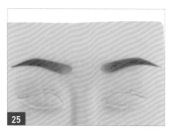

25 最後，重複步驟4-24，製作左側眉毛，即完成機器霧眉製作。

## ◆ 真人操作

*Tools And Materials* 工具及材料

眉筆、眉尺貼、棉籤、鏡子、定位筆、手套、口罩、毛巾、紋繡機器、圓3針、色料杯、色料杯架、棉花棒、冰敷袋、剪刀、保鮮膜、不織布、濕紙巾、鋼盆、髮帶、眉尺、修眉刀、綠咖啡色色乳、土黃色色乳、淺褐色色乳、中褐色色乳、深褐色色乳、淺灰咖啡色色乳、油性清潔液。

機器霧眉 操作真人
動態影片 QRcode

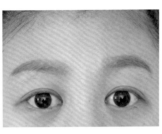

正面　　　　　　　　右側面　　　　　　　　左側面

▼

操作前的狀態

曾經繡過眉毛，但左側的舊眉頭太高，導致左右側眉毛有高度差，看起來不平衡。舊眉毛的顏色雖已淡化，但顏色有點偏紅，須轉色。

▼

紋繡後 After

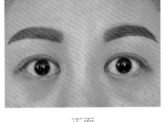

正面　　　　　　　　右側面　　　　　　　　左側面

▼

操作後的狀態

左側眉頭高度有往下調整，使兩側眉毛調整成相同高度。且紋繡後，眉毛顏色明顯變深，使眼睛看起來更有精神。

## 機器霧眉的流程

STEP 01　協助顧客綁髮帶。

STEP 02　協助顧客卸妝、清潔臉部。

STEP 03　拍攝紋繡前的照片。

STEP 04　以修眉刀稍微修整顧客的眉毛。

STEP 05　以眉尺貼及眉筆設計適合顧客的眉型。（註：在顧客躺下的狀態設計眉型後，須再請顧客坐立，並進行設計上的微調，以確保造型設計更細緻，因顧客躺下及坐立時的臉部肌膚受地心引力拉扯的方向不同，可能會造成眉型上些微的差異。而在撕下眉尺貼後，也須視情況決定是否微調眉型設計，因眉尺貼也可能會牽動臉部肌膚的位置。）

STEP O6 提供顧客鏡子，以確認眉型設計。

STEP O7

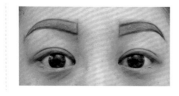

拍攝眉型設計完成的照片。

STEP O8 以定位筆繪製出眉型的製作範圍。（註：以定位筆定位眉型時，須將定位點繪製在眉型內框，以免製做出太粗的眉毛。）

STEP O9 調配轉紅眉的色乳。（註：須以綠咖啡色及土黃色色乳調勻後轉色。）

STEP 1O 將圓針裝入紋繡機器。（註：此教學以圓3針示範；裝針片的方法請參考 P.37。）

STEP 11 以針片沾色乳，並進行紋繡。（註：先使用機器飄畫手法進行大面積上色，再使用點霧手法進行細部上色，以製作像是擦過眉粉的視覺效果。）

STEP 12 第一次紋繡後，以棉花棒沾色乳塗抹在紋繡過的部位。（註：塗抹時可稍微用力搓揉肌膚，以加強上色。）

STEP 13

以剪刀剪下適當大小的保鮮膜，並覆蓋在塗抹色乳的部位上。

STEP 14

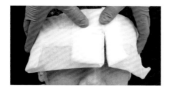

將冰敷袋放在保鮮膜上，冰敷約5～10分鐘，以加強上色。（註：敷色乳的時長，可依照顧客膚質的上色難易度，進行延長或縮短。）

STEP 15 移除冰敷袋及保鮮膜，並以濕紙巾擦掉多餘色乳。

STEP 16 以濕紙巾稍微用力按壓紋繡過的部位，以擦除組織液。（註：擦掉組織液，可防止傷口修復時結痂太厚，而導致掉色太多。）

STEP 17 重複步驟11-16，完成第二次紋繡上色，眉毛轉色完成。（註：紋繡時，若紋繡師難以辨認是否還有未上色的空洞位置，可以邊紋繡邊擦除眉毛上的多餘色乳，以仔細檢查顧客眉毛的上色程度。）

STEP 18 調配適合顧客眉色的色乳，以製作目標色。（註：色乳顏色須近似顧客的原本髮色；此教學以淺褐色、中褐色、深褐色及淺灰咖啡色色乳調勻後示範。）

STEP 19　重複步驟 11-16，完成第三次紋繡上色。（註：最後一次敷色乳的時長可較長，以加強上色；操作真人紋繡的上色次數，可依照顧客的實際上色程度調整。）

STEP 20　以油性清潔液及濕紙巾將顧客臉部清潔乾淨。

STEP 21　最後，拍攝紋繡後的照片即可。（註：紋繡師須教導顧客如何保養及照顧紋繡的傷口，並可請顧客每天拍攝並傳送紋繡部位的照片給紋繡師，以評估是否須進行補色。）

## 上色狀態

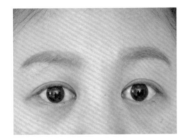
① 紋繡前

② 紋繡轉色（共兩次）

③ 紋繡目標色（共一次，完成）

# Tips

★ 眉筆不能太粗，且筆頭要削成扁平狀，才比較好畫眉型，並畫的較工整。

★ 設計眉型時，要睜開眼睛設計才準確。

★ 操作繡眉時，一定要撐開皮膚做，才能上色均勻。

★ 以針片沾色乳後，須在色料杯邊緣刮除針上多餘的色料，以免多餘色料影響紋繡師操作的視線。

★ 建議新手製作紋繡時，第一次上色不必太深，以免後續較難調整或修改眉型、眉色。

★ 若在操作紋繡的過程中，紋繡師注意到顧客因眉毛較稀疏、眉部有舊疤痕等因素，而較難上色時，可選擇在點霧時稍微加重力道、增加上色次數、延長敷色時間或再調配稍微更深色的色乳，進行紋繡或敷色。

# Article 03 手工飄眉

## ◆ 假皮教學

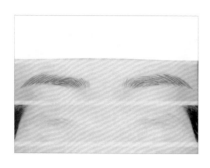

*Tools And Materials* 工具及材料

真人實拍假皮、眉尺、眉筆、手套、深灰咖啡色色乳、巧克力色色乳、戒杯、斜排14針、紋繡手工筆、棉花棒、不織布、棉籤。

*Step By Step* 步驟說明

» 混合色乳及繪製右側眉毛前半部的主線條

**01**

先在真人實拍假皮上繪製標準眉形。（註：標準眉基本畫法2請參考P.50。）

**02**

將戒杯戴在手指上，並以棉籤取適量深灰咖啡色色乳。（註：膏狀色乳須以棉籤輔助取用。）

**03**

將色乳放入戒杯時，可在杯緣刮下棉籤上的色乳。

**04**

在戒杯中滴入適量巧克力色色乳。（註：液態狀色乳可直接取用。）

**05**

以棉籤將戒杯中的色乳混合均勻。（註：操作真人時，色乳比例須依據顧客眉色而調整。）

**06**

將斜排14針的針片，裝入紋繡手工筆中。（註：裝針片的方法請參考P.34。）

**07**

以針片沾色乳。（註：須在色料杯邊緣刮除多餘色乳。）

**08**

以手工筆在右側眉頭繪製弧線，為主線條。（註：飄畫法請參考 P.36。）

**09**

重複步驟8，繪製眉頭的第二條主線條。（註：主線及主線間須預留適當空隙。）

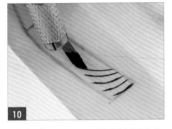

**10**

重複步驟8-9，持續繪製主線條。（註：線條繪製方向須依照眉毛生長方向而變化。）

» 繪製右側眉毛前半部的副線條

**11**

重複步驟8-10，繪製眉頭的主線條。

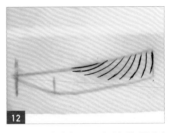

**12**

如圖，右側眉頭主線條繪製完成。

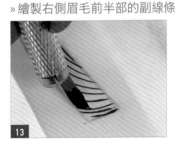

**13**

以針片沾色乳，在第一、二條主線條間，繪製副線條。

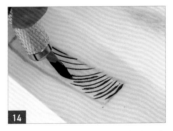

**14**

重複步驟13，持續在主線條間繪製副線條。

**15**

重複步驟13-14，持續繪製右側眉頭副線條。

» 繪製右側眉毛後半部的主線條

**16**

如圖，右側眉頭副線條繪製完成。（註：線條繪製方向須依照眉毛生長方向而變化。）

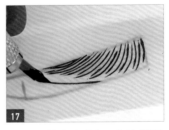

**17**

以手工筆在右側眉峰繪製弧線，為主線條。

**18**

重複步驟17，繪製眉峰的第二條主線條。（註：主線及主線間須預留適當空隙。）

19

重複步驟17-18，持續繪製右側眉尾主線條。（註：線條繪製方向須依照眉毛生長方向而變化。）

20

如圖，右側眉峰及眉尾主線條繪製完成。

» 繪製右側眉毛後半部的副線條

21

以手工筆在右側眉腰繪製副線條。

22

重複步驟21，持續繪製副線條。

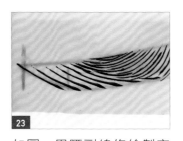

23

如圖，眉腰副線條繪製完成。

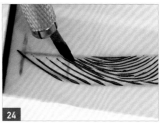

24

以手工筆在右側眉尾繪製副線條。

25

重複步驟24，持續繪製副線條。

26

如圖，右側眉毛繪製完成。

» 繪製左側眉毛

27

重複步驟8-11，繪製左側眉頭的主線條。

28

重複步驟13-15，繪製左側眉頭的副線條。

29

重複步驟21-22，繪製左側眉腰的副線條。

30

重複步驟17-19，繪製左側眉峰及眉尾的主線條。

» 塗抹色乳及擦拭

**31**

重複步驟24-25，繪製左側
眉尾的副線條。

**32**

如圖，初步完成兩側眉毛繪
製。

**33**

以棉花棒沾取戒杯中的色乳。

**34**

以棉花棒將色乳塗抹右側眉
毛線條上，以加強上色上。

**35**

重複步驟34，將色乳塗抹
左側眉毛線條。

**36**

如圖，色乳塗抹完成。（註：
操作真人時，須使色乳停留
在眉毛上約5～10分鐘，以
加強上色。）

**37**

以不織布擦除多餘色乳。

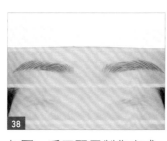

**38**

如圖，手工飄眉製作完成。

*Tools And Materials* 工具及材料

髮帶、手套、口罩、眉筆、修眉刀、眉尺貼、棉籤、定位筆、鏡子、戒杯、色料杯架、紋繡手工筆、剪刀、濕紙巾、棉花棒、保鮮膜、冰敷袋、不織布、眉尺、鋼盤、油性清潔液、刮棒、排17針、單針、巧克力色色乳、淺褐色色乳、深褐色色乳。

手工飄眉 操作真人
動態影片 QRcode

**紋繡前 Before**

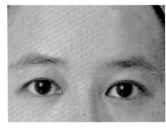  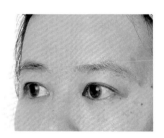

正面　　　　　　　　　右側面　　　　　　　　　左側面

▼

**操作前的狀態**

整體眉毛較稀疏，會較難上色。

▼

**紋繡後 After**

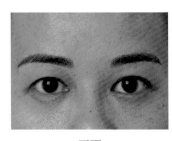  

正面　　　　　　　　　右側面　　　　　　　　　左側面

▼

**操作後的狀態**

眉毛明顯變黑且濃密，具有自然的毛流感，眼睛也變得較有精神。

STEP 01　協助顧客綁髮帶。

STEP 02　協助顧客卸妝、清潔臉部。

STEP 03　拍攝紋繡前的照片。

STEP 04　以修眉刀稍微修整顧客的眉毛。

STEP 05　以眉尺貼及眉筆設計適合顧客的眉型。（註：在顧客躺下的狀態設計眉型後，須再請顧客坐立，並進行設計上的微調，以確保造型設計更細緻，因顧客躺下及坐立時的臉部肌膚受地心引力拉扯的方向不同，可能會造成眉型上些微的差異。而在撕下眉尺貼後，也須視情況決定是否微調眉型設計，因眉尺貼也可能會牽動臉部肌膚的位置。）

STEP 06　提供顧客鏡子，以確認眉型設計。

STEP 07　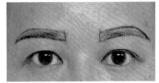拍攝眉型設計完成的照片。

STEP 08　調配適合顧客眉色的色乳。（註：色乳顏色須近似顧客的原本髮色；此教學以巧克力色、淺褐色及深褐色色乳調勻後示範。）

STEP 09　將針片裝入紋繡手工筆。（註：此教學以排17針及單針示範；裝針片的方法請參考 P.33-34。）

STEP 10　以針片沾色乳，並進行紋繡。（註：以飄畫手法製作仿真毛流感。）

STEP 11　第一次紋繡後，以棉花棒沾色乳塗抹在紋繡過的部位。（註：塗抹時可稍微用力搓揉肌膚，以加強上色。）

STEP 12　以剪刀剪下適當大小的保鮮膜，並覆蓋在塗抹色乳的部位上。

STEP 13　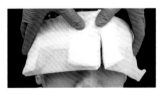將冰敷袋放在保鮮膜上，冰敷約5～10分鐘，以加強上色。（註：敷色乳的時長，可依照顧客膚質的上色難易度，進行延長或縮短。）

STEP 14　移除冰敷袋及保鮮膜，並以濕紙巾擦掉多餘色乳。

STEP 15　以濕紙巾稍微用力按壓紋繡過的部位，以擦除組織液。（註：擦掉組織液，可防止傷口修復時結痂太厚，而導致掉色太多。）

| STEP 16 | 重複步驟 10-15，完成第二次紋繡上色。 |
|---|---|
| STEP 17 | 重複步驟 10-15，完成第三次紋繡上色。（註：第三次上色以送色為主；最後一次敷色乳的時長可較長，以加強上色；操作真人紋繡的上色次數，可依照顧客的實際上色程度調整。） |
| STEP 18 | 以油性清潔液及濕紙巾將顧客臉部清潔乾淨。 |
| STEP 19 | 以刮棒輕刮顧客眉毛，以順毛流。 |
| STEP 20 | 最後，拍攝紋繡後的照片即可。（註：紋繡師須教導顧客如何保養及照顧紋繡的傷口，並可請顧客每天拍攝並傳送紋繡部位的照片給紋繡師，以評估是否須進行補色。） |

## 上色狀態

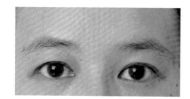

① 紋繡前

② 紋繡上色一次

③ 紋繡上色兩次

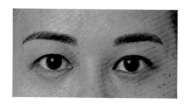

④ 紋繡上色三次（完成）

# *Tips*

★ 眉筆不能太粗，且筆頭要削成扁平狀，才比較好畫眉型，並畫的較工整。

★ 設計眉型時，要睜開眼睛設計才準確。

★ 操作繡眉時，一定要撐開皮膚做，才能上色均勻。

★ 以針片沾色乳後，須在色料杯邊緣刮除針上多餘的色料，以免多餘色料影響紋繡師操作的視線。

★ 建議新手製作紋繡時，第一次上色不必太深，以免後續較難調整或修改眉型、眉色。

★ 若在操作紋繡的過程中，紋繡師注意到顧客因眉毛較稀疏、眉部有舊疤痕等因素，而較難上色時，可選擇在點霧時稍微加重力道、增加上色次數、延長敷色時間或再調配稍微更深色的色乳，進行紋繡或敷色。

# *Article 04* 機器及手工飄霧眉

## ◆ 假皮教學

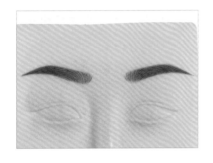

*Tools And Materials* 工具及材料

假皮、尺、自動鉛筆、棉花棒、凡士林、紋繡手工筆、圓3針、三排彎彎繡16針、不織布、色料杯架、戒杯、色料杯、手套、黑色色乳、深灰咖啡色色乳、巧克力色色乳、斜排14針、棉籤。

*Step By Step* 步驟說明

» 混合色乳及繪製右側眉毛的主線條

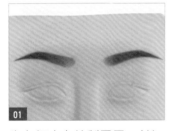

01
先在假皮上繪製霧眉。（註：霧眉作法請參考 P.64。）

02
將戒杯戴在手指上，並以棉籤取適量深灰咖啡色色乳。（註：膏狀色乳須以棉籤輔助取用。）

03
將色乳放入戒杯時，可在杯緣刮下棉籤上的色乳。

04
在戒杯中滴入適量巧克力色色乳。（註：液態狀色乳可直接取用。）

05
以棉籤將戒杯中的色乳混合均勻。（註：操作真人時，色乳比例須依據顧客眉色而調整。）

06
將斜排14針裝入紋繡手工筆中。（註：裝針片的方法請參考 P.34。）

07

以針片沾色乳。（註：須在色料杯邊緣刮除多餘色乳。）

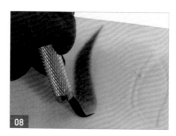
08

以手工筆在右側眉頭繪製弧線，為主線條。（註：飄畫法請參考 P.36。）

09

如圖，第一根主線條繪製完成。

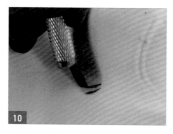
10

重複步驟8，繪製眉頭的第二條主線條。（註：主線及主線間須預留適當空隙。）

11

重複步驟8-10，繪製眉頭的主線條。（註：線條繪製方向須依照眉毛生長方向而變化。）

12

如圖，右側眉頭主線條繪製完成。

13

以手工筆在右側眉峰繪製主線條。

14

重複步驟13，繪製眉峰的第二條主線條。（註：主線及主線間須預留適當空隙。）

» 繪製右側眉毛的副線條

15

重複步驟13-14，持續繪製右側眉尾主線條。（註：線條繪製方向須依照眉毛生長方向而變化。）

16

如圖，右側眉峰及眉尾主線條繪製完成。

17

以針片沾色乳，在眉頭主線條間，繪製副線條。

18

如圖，第一根副線條繪製完成。

19 重複步驟17-18，持續繪製右側眉頭副線條。

20 如圖，右側眉頭副線條繪製完成。（註：線條繪製方向須依照眉毛生長方向而變化。）

21 以手工筆在右側眉腰繪製副線條。

22 如圖，右側眉腰副線條繪製完成。

23 以手工筆在右側眉尾繪製副線條。

24 如圖，右側眉毛繪製完成。

» 繪製左側眉毛

25 重複步驟8-10，繪製左側眉頭主線條。

26 重複步驟13-15，繪製左側眉峰及眉尾主線條。

27 重複步驟17-19，繪製左側眉頭副線條。

» 塗抹色乳及擦拭

28 重複步驟21-23，繪製左眉腰及眉尾副線條。

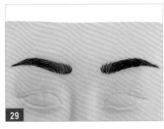

29 如圖，初步完成兩側眉毛繪製。

30 以棉花棒沾取戒杯中的色乳。

**31**

以棉花棒將色乳塗抹右側眉毛線條，以加強上色。

**32**

重複步驟34，將色乳塗抹左側眉毛線條。

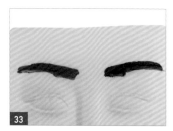

**33**

如圖，色乳塗抹完成。（註：操作真人時，須使色乳停留在眉毛上約5～10分鐘，以加強上色。）

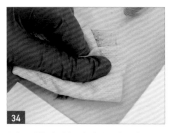

**34**

以不織布擦除多餘色乳。

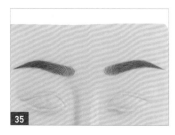

**35**

如圖，飄霧眉製作完成。

*Tips*

★ 飄霧眉的製作方法，是由飄眉及霧眉兩種手法結合而成。

★ 飄眉及霧眉的製作順序，可依照不同紋繡師的個人操作習慣，進行前後互換。

## ◆真人操作

*Tools And Materials* 工具及材料

眉筆、眉尺貼、手套、口罩、鏡子、髮帶、棉花棒、色料杯、色料杯架、紋繡機器、剪刀、保鮮膜、冰敷袋、不織布、濕紙巾、定位筆、不鏽鋼盆、刮眉刀、眉尺、定位筆、戒杯、紋繡手工筆、排17針、排14針、不鏽鋼盆、油性清潔液、刮棒、土黃色色乳、綠咖啡色色乳、深灰咖啡色色乳、淺灰咖啡色色乳、淺褐色色乳。

飄霧眉 操作真人
動態影片 QRcode

**紋繡前 Before**

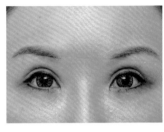  

正面　　　　　　　　右側面　　　　　　　　左側面

**操作前的狀態**

曾做過失敗的繡眉且洗眉過,會較難上色。須先機器轉色再製作目標色。

**紋繡後 After**

正面　　　　　　　　右側面　　　　　　　　左側面

**操作後的狀態**

眉型拉長,與眼睛長度更符合,而眉色明顯變深且濃密,具有自然毛流感。

## 機器及手工飄霧眉的流程

STEP 01　　協助顧客綁髮帶。

STEP 02　　協助顧客卸妝、清潔臉部。

STEP 03　　拍攝紋繡前的照片。

STEP 04　　以修眉刀稍微修整顧客的眉毛。

STEP 05　　以眉尺貼及眉筆設計適合顧客的眉型。（註：在顧客躺下的狀態設計眉型後，須再
　　　　　　請顧客坐立，並進行設計上的微調，以確保造型設計更細緻，因顧客躺下及坐立時的
　　　　　　臉部肌膚受地心引力拉扯的方向不同，可能會造成眉型上些微的差異。而在撕下眉尺
　　　　　　貼後，也須視情況決定是否微調眉型設計，因眉尺貼也可能會牽動臉部肌膚的位置。）

STEP 06　　提供顧客鏡子，以確認眉型設計。

STEP 07　　拍攝眉型設計完成的照片。

STEP 08　　以定位筆繪製出眉型的製作範圍。（註：以定位筆定位眉型時，須將定位點繪製在眉
　　　　　　型內框，以免製做出太粗的眉毛。）

STEP 09　　調配轉色用的色乳，以製作轉色。（註：此教學以土黃色及綠咖啡色色乳調勻後示
　　　　　　範。）

STEP 10　　將針片裝入紋繡機器。（註：此教學以排17針示範；裝針片的方法請參考 P.37。）

STEP 11　　以針片沾色乳，並進行紋繡。

STEP 12　　第一次紋繡後，以棉花棒沾色乳塗抹在紋繡過的部位。（註：塗抹時可稍微用力搓
　　　　　　揉肌膚，以加強上色。）

STEP 13　　以剪刀剪下適當大小的保鮮膜，並覆蓋在塗抹色乳的部位上。

STEP 14　　將冰敷袋放在保鮮膜上，冰敷約5～10分鐘，以加強
　　　　　　上色。（註：敷色乳的時長，可依照顧客膚質的上色難
　　　　　　易度，進行延長或縮短。）

| | |
|---|---|
| STEP 15 | 移除冰敷袋及保鮮膜,並以濕紙巾擦掉多餘色乳。 |
| STEP 16 | 以濕紙巾稍微用力按壓紋繡過的部位,以擦除組織液。(註:擦掉組織液,可防止傷口修復時結痂太厚,而導致掉色太多。) |
| STEP 17 | 重複步驟11-16,完成第二次紋繡轉色。 |
| STEP 18 | 調配霧眉目標色的色乳,以製作霧眉。(註:此教學以深灰咖啡色、淺灰咖啡色及淺褐色色乳調勻後示範。) |
| STEP 19 | 以針片沾色乳,並進行紋繡。 |
| STEP 20 | 以棉花棒沾色乳塗抹在紋繡過的部位。(註:塗抹時可稍微用力搓揉肌膚,以加強上色。) |
| STEP 21 | 重複步驟13-16,完成第三次上色。(註:紋繡時,若紋繡師難以辨認是否還有未上色的空洞位置,可以邊紋繡邊擦除眉毛上的多餘色乳,以仔細檢查顧客眉毛的上色程度。) |
| STEP 22 | 請顧客坐立,重新以定位筆定出須製作的眉型。 |
| STEP 23 | 將針片裝入紋繡手工筆。(註:此教學以排14針示範。) |
| STEP 24 | 以針片沾色乳,並進行紋繡,以製作線條。 |
| STEP 25 | 以棉花棒沾色乳塗抹在紋繡過的部位。(註:塗抹時可稍微用力搓揉肌膚,以加強上色。) |
| STEP 26 | 重複步驟13-16,完成第四次上色。 |
| STEP 27 | 重複步驟24-26,完成第五次上色。(註:最後一次敷色乳的時長可較長,以加強上色;操作真人紋繡的上色次數,可依照顧客的實際上色程度調整。) |
| STEP 28 | 以油性清潔液及濕紙巾將顧客臉部清潔乾淨。 |
| STEP 29 | 最後,拍攝紋繡後的照片即可。(註:紋繡師須教導顧客如何保養及照顧紋繡的傷口,並可請顧客每天拍攝並傳送紋繡部位的照片給紋繡師,以評估是否須進行補色。) |

① 紋繡前

② 紋繡上色一次（機器轉色）

③ 紋繡上色兩次（機器轉色）

④ 紋繡上色三次（機器霧眉）

⑤ 紋繡上色四次（手工飄眉）

⑥ 紋繡上色五次（手工飄眉，
　完成）

## *Tips*

★ 眉筆不能太粗，且筆頭要削成扁平狀，才比較好畫眉型，並畫的較工整。

★ 設計眉型時，要睜開眼睛設計才準確。

★ 操作繡眉時，一定要撐開皮膚做，才能上色均勻。

★ 以針片沾色乳後，須在色料杯邊緣刮除針上多餘的色料，以免多餘色料影響紋繡師
　操作的視線。

★ 建議新手製作紋繡時，第一次上色不必太深，以免後續較難調整或修改眉型、眉色。

★ 若在操作紋繡的過程中，紋繡師注意到顧客因眉毛較稀疏、眉部有舊疤痕等因素，
　而較難上色時，可選擇在點霧時稍微加重力道、增加上色次數、延長敷色時間或再
　調配稍微更深色的色乳，進行紋繡或敷色。

# 操作繡眉後

當紋繡師操作完眉部的新式紋繡後，須對顧客進行繡眉後，如何保養傷口的衛生教育。

## *Article 01* 繡眉後保養須知

在學習如何保養紋繡的眉毛前，須先明白紋繡上色後的恢復期，大約分成四個階段：紋繡結束當天、結痂期、掉痂期及返色期。其中，顧客在繡眉後，通常能在當天做完的3～4小時後消腫，且約在2～3天後開始結痂，並在約5～7天後完全掉痂。而在掉痂完到約30～45天後的這段時間，就是返色期。

剛操作完繡眉時，顧客的眉毛顏色會很濃、很深，到了掉完結痂時，眉毛的顏色會顯得很淡，可是此時的顏色濃淡是暫時的，要度過返色期後，紋繡在皮膚表層的色素才會慢慢顯現出第一次上色的真實眉色。若顧客對第一次上色的眉毛顏色不滿意，可在大約一個月後，請紋繡師進行第二次上色，也就是補色。

STEP 01　紋繡當天：約在做完的3～4小時後消腫。

STEP 02　結痂期：約在2～3天後開始結痂。通常操作部位的顏色，會在第二天變深。

STEP 03　掉痂期：約5～7天後完全掉痂。通常操作部位掉痂後，顏色會變很淡。

STEP 04　返色期：掉痂完到約30～45天後。操作部位在返色期結束後，會顯現此次紋繡的真正顏色。

至於繡眉後保養須知的說明，請參考如下。

## ◆ 確實清潔組織液

在紋繡師剛做完繡眉的當下，紋繡師須先及時清潔眉部傷口的組織液，再塗抹保養精華，讓保養精華能被顧客皮膚完全吸收，以使傷口盡快癒合。

## ◆ 必要時可使用消炎藥

若顧客在繡眉3～4小時後，眉部的紅腫仍未消退，可向醫師諮詢並經過評估後，自行至藥局購買消炎藥服用，幫助傷口癒合，或在眉部塗抹少量的消炎藥膏協助消腫。

## ◆ 保持紋繡部位的乾燥

在等待脫痂期間，顧客須保持紋繡部位的乾燥，並盡可能待在冷氣房中，以減少排汗。

但若顧客感到紋繡部位已過度乾燥，而感覺不舒服，則建議顧客可到藥局購買凡士林，並塗抹少量凡士林在操作過紋繡的部位。

## ◆ 等待結痂自然脫落

在眉部結痂及掉痂期間，絕不可用手摳除痂皮，否則痂皮會連同表皮的色素一起被去除，導致眉毛留色率不佳。

## ◆ 避免眉部傷口碰生水

在掉痂結束前，須避免讓眉部碰生水。因此繡眉後7天內不可泡澡、游泳、泡溫泉、待在烤箱或蒸氣室中，以免水分及水氣使傷口軟化，而增加傷口感染的風險。

若要洗臉，則須避開眉毛位置，並可以乾淨毛巾輕輕按壓眉部的方式，保持眉毛的清潔及乾燥。

## ◆ 避免在眉部擦拭化妝品

在繡眉後的修復期間，應避免在眉部擦拭化妝品，尤其是去角質及美白類的化妝品，否則容易產生眉色太淡的問題。

## ◆ 禁吃刺激性強的食物

在紋繡後七天內，禁吃任何刺激性強的食物，例如：海鮮、辛辣食物、菸酒、中藥食補及各式發物等，以免誘發傷口腫脹疼痛。

顧客紋繡經過返色期後，若產生感到不滿意，通常是因為眉毛顏色太淺、眉毛變色，或認為新繡的眉型不適合自己。

## ◆ 眉毛補色

眉毛補色就是替至少在一個月前，被自己做過繡眉的回頭客，在眉毛進行第二次的上色。

補色在紋繡業中是很常見的做法，因為每個人的膚質、體質不同，紋繡留色率的高低也會有差異，加上眉色太淡比眉色太深更容易修改、補救，因此大部分的紋繡師都會願意幫眉色太淡的顧客進行補色，以達到最佳的繡眉成果。

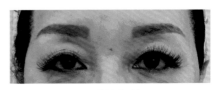

眉毛補色前

眉毛補色後

## ◆ 眉毛轉色

眉毛轉色就是將已經變色的眉毛，轉換成顏色較自然的眉毛。通常顧客眉毛變色的狀況有兩種：一種是顧客的眉毛是用傳統紋繡製作的眉毛，因紋繡深度較深，加上色乳含有重金屬成分，導致眉毛變藍。另一種是因顧客使用了咖啡色系、棕色系等，紅色比例較高的劣質色乳進行繡眉，導致眉毛變紅。

眉毛轉色的方法是利用色彩學的知識，以橙咖啡色轉藍眉，以綠咖啡色轉紅眉，將眉色換成較自然的灰黑色系。

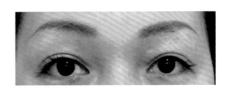

眉毛轉色前（藍眉）

眉毛轉色後

## ◆ 眉毛改型

眉毛改型就是將繡眉的眉型修改成其他樣式。若是希望眉毛加長、加粗等較小幅度的修改，可以在二次補色時，順便請紋繡師作調整；若是希望直接換另一種眉型，且不願意等眉毛自然變淡，則只能請紋繡師以膚色色乳覆蓋想要去除的眉型，或是先找醫美診所進行雷射洗眉後，再重新做繡眉。

眉毛改型前

眉毛改型後

Eyeliner Microblading

# 眼妝篇

CHAPTER. 03

# 操作繡眼線前

在實際操作繡眼線前，須先了解眼線對眼睛修飾的重要性，並掌握眼線設計的基礎概念，以及學會評估顧客體質狀態，是否適合進行眼線的紋繡操作。

本章節所介紹的繡眼線，都是指半永久定妝的隱形眼線。而隱形眼線及傳統的舊式眼線的比較，請參考以下表格：

| | 舊式眼線 | 隱形眼線（半永久定妝） |
|---|---|---|
| 紋繡下針深度 | 較深層，易出血。 | 較淺層，不易出血。 |
| 紋繡位置 | 睫毛上方，使眼線及眼白之間，會出現一條沒上色的眼皮區域，不夠美觀。 | 睫毛根部，使眼線及眼白無縫接軌，達到修飾眼睛的效果。 |
| 疼痛感 | 較易感到疼痛。 | 較不易疼痛。 |
| 操作時長 | 操作時間較長。 | 操作時間較短。 |
| 腫脹程度 | 操作後容易腫脹，須幾天後才能消腫。 | 操作後不易腫脹，可以正常出門見人。 |
| 使用色乳 | 可能使用含重金屬的劣質色乳。 | 使用純天然的植物性或醫療級色乳。 |
| 留色時間 | 永久上色，且容易暈色或變藍。 | 約可維持 2～3 年，眼線顏色會隨著時間逐漸褪色、變淡。 |

*Article 01* **繡眼線的重要性**

儘管眼線只是一條繪製在眼睫毛附近的黑線，但這條線卻具有使眼睛看起來更有精神的修飾效果。

◆ 真人繡眼線前後對比

以下將藉由真人實際進行繡眼線的操作前、後對比照片，使眼部的變化一覽無遺。

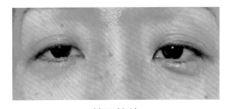

繡眼線前

繡眼線後

## ◆ 繡眼線的好處

以新式紋繡製作眼線的好處有三點，分別是可以修飾眼型、增加眼部層次，以及免除化妝的麻煩。

### ① 修飾眼型

紋繡師會根據顧客眼型的不同，製作出最適合對方的眼線。眼線的存在，可以使較小的眼睛產生放大的效果，也可以使較圓的眼睛產生拉長變寬的效果等。關於不同眼型的適合上色位置的詳細説明，請參考 P.100。

### ② 增加眼部層次

因為眼線的明顯黑線條，可以使眼睛的輪廓更明顯，同時也凸顯眼球的白色部分，達到增加眼部層次的視覺效果。

### ③ 免除化妝的麻煩

若是以化妝的方式繪製眼線，不僅須額外花費金錢購買化妝品，還須每天花費時間繪製眼線，並擔心眼線會受到雨滴或汗水的影響而暈開。但如果能以新式紋繡製作眼線，就可以免除以上化妝的麻煩。

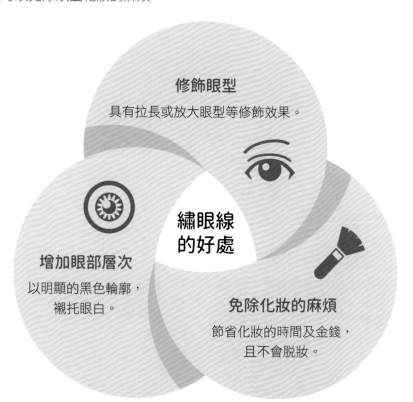

修飾眼型
具有拉長或放大眼型等修飾效果。

增加眼部層次
以明顯的黑色輪廓，
襯托眼白。

繡眼線
的好處

免除化妝的麻煩
節省化妝的時間及金錢，
且不會脫妝。

**眼線設計須知**

　　在設計眼線前，紋繡師須先熟悉眼睛的基本構造，以及學習從修飾眼型的角度，設計適合對方的眼線製作位置。因為人們的眼皮狀態及眼型有多種變化，所以每個人適合的眼線製作位置並不完全相同。

◆ 眼睛的部位名稱介紹

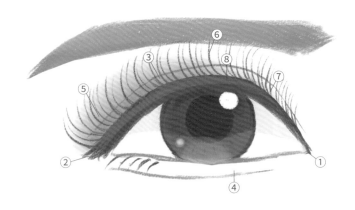

① 內眼角

　　較靠近鼻梁的眼角。

② 外眼角

　　較靠近臉部外側的眼角。

③ 上眼瞼

　　眼瞼就是眼皮，指上眼皮，可透過閉合保護眼球。

④ 下眼瞼

　　眼瞼就是眼皮，指下眼皮，可透過閉合保護眼球。

⑤ 重瞼

　　又稱為雙眼皮，不是每個人都會有的部位。

⑥ 睫毛

　　長在上、下眼瞼邊緣的毛，可以阻擋異物侵入眼球。

⑦ 睫毛根部

　　睫毛在眼皮上生長的位置。

⑧ 灰線

　　將上眼瞼輕輕往外翻開時，在上眼瞼睫毛根部及眼球之間的位置。

## ◆ 眼線紋繡位置的演變

① 外眼線

　　將眼線製作在上眼瞼的睫毛根部上方，是傳統紋繡製作眼線的位置。外眼線會使得眼球及睫毛之間的眼皮呈現一條白色線，看起來不自然、不美觀。

② 隱形眼線

　　也可稱為內眼線。將眼線製作在上眼瞼的睫毛根部，或甚至加粗至睫毛根部到灰線的位置，是新式紋繡製作眼線的標準位置。隱形眼線具有製造睫毛增多、修飾眼型的效果，且看起來較自然、較美觀。

## ◆ 不同的上色位置介紹及搭配

① 不同眼皮狀態的適合上色位置

　　新式紋繡的眼線製作位置，與睫毛根部的位置相關，且睫毛根部位置，會依據眼皮狀態的不同而有所差異。所以紋繡師須在繡眼線時，根據顧客的眼皮狀態，調整眼線上色的位置。

| 雙眼皮 | 雙眼皮的眼型本身就較有層次感，加上睫毛根部的位置完全不會被眼皮擋住，是最容易上色的眼皮狀態。身為紋繡師，只要沿著顧客原有的睫毛根部製作線條，並使眼線長度及寬度，不要超過既有的睫毛生長範圍即可。 |
| --- | --- |
| 內雙眼皮 | 內雙眼皮眼型的上眼皮，會將靠近內眼角位置的睫毛根部遮住，因此紋繡師製作內眼線時，須使眼頭的線條較細，眼尾的線條較粗，以加強隱形眼線的存在感。 |
| 單眼皮 | 單眼皮眼型的上眼皮，會幾乎將整條睫毛的根部位置遮住，因此紋繡師製作內眼線時，須盡量將線條加粗，直到顧客睜眼後，能看見眼線效果為止。<br>只是在製作前，紋繡師應提醒顧客，單眼皮者製作隱形眼線的效果通常不佳。可建議顧客先去醫美診所割出雙眼皮後，再進行紋繡，以達到最佳的眼線效果。 |

② 不同眼型的適合上色位置

以下為各種眼型常見的眼線搭配，可供紋繡師作為眼線設計的參考。

眼型名稱　杏眼、標準眼。

眼型特質　眼型較寬，看起來較有活力。

眼線設計重點　沿著睫毛根部製作眼線即可。

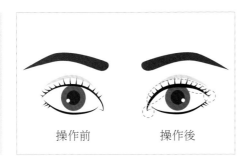

眼型名稱　圓眼。

眼型特質　上、下眼瞼在眼頭的間距較寬，且眼瞼邊緣呈圓弧形，使眼型又大又圓。

眼線設計重點　適合較細長的眼線，以達到拉長眼型的視覺效果。

眼型名稱　鳳眼、丹鳳眼、上揚眼。

眼型特質　外眼角高於內眼角，且眼型較細長、眼裂寬度較小。

眼線設計重點　適合較粗且外眼角再加粗的眼線，以達到擴大眼型的效果。

眼型名稱　下垂眼。

眼型特質　外眼角低於內眼角的眼型，看起來眼睛較無神、憂鬱。

眼線設計重點　適合較粗且外眼角再加粗的眼線，以達到擴大眼型的效果。

◆ 關於眼線顏色的選擇

新式紋繡的隱形眼線，使用的顏色是以黑色為主。關於繡眼線常用色，請參考 P.31。

## Article 03　不適合做半永久眼妝者的條件

### ◆ 單眼皮者

在繡眼線前，紋繡師應提醒單眼皮的顧客，最後製作出的眼線效果通常不明顯。可建議顧客先去醫美診所割出雙眼皮後，再進行紋繡，以達到最佳的眼線效果。

### ◆ 眼瞼外翻者

有眼瞼外翻狀況，代表眼瞼皮膚較鬆弛，可能會擋住製作好的眼線位置。加上眼瞼外翻容易使眼睛感到乾澀、紅腫，而禁不起紋繡眼線的操作過程，因此眼瞼外翻者不適合繡眼線。

### ◆ 眼球突出者

紋繡眼線的操作過程，須以機器將針來回刺入上眼瞼邊緣。若顧客有眼球突出的狀況，會提高針片誤傷眼球的可能性，因此眼球突出者不適合繡眼線。

### ◆ 患有傳染病者

因愛滋病、B型肝炎等病症的病毒可藉由血液、淚液等途徑傳播，而新式紋繡的過程會刺破人體免疫的第一道防線，也就是皮膚。為了避免傳染病交叉感染，所以患有傳染病者不適合繡眼線。

另外，患有傳染性皮膚病者，同樣為了避免接觸感染，所以也不適合繡眼線。

### ◆ 凝血功能不佳者

儘管新式紋繡的入針深度淺，但仍有少許出血的可能性，所以不論是因患有血小板減少症、血友病、糖尿病等病症，或因兩周內服用過含有阿斯匹林等，會降低凝血功能的藥物，所導致凝血功能不佳者，皆不宜進行繡眼線。

## ◆ 易產生疤痕體質者

例如：具有蟹足腫體質者。因為這類型的人在紋繡後，很可能會因容易留疤而影響繡眼線的效果，甚至誘發蟹足腫增生的症狀，所以不建議易產生疤痕體質者進行繡眼線。

## ◆ 眼部有傷口未癒者

近期眼部受過傷、或曾在眼部附近動過手術，且傷口尚未痊癒者，須等到傷口完全復原後，才能進行繡眼線。

## ◆ 眼部有發炎或病變者

近期眼部附近有紅疹、脂溢性皮炎等病變者，建議先將病症治癒後，再進行繡眼線。

## ◆ 正值經期的女性

因女性在經期期間，血液中的纖維蛋白酶原的前體激活物會增加，而這個物質會破壞傷口癒合時的凝血塊，造成紋繡後的傷口較難癒合，從而增加傷口感染的風險，所以建議女性繡眼線時應避開經期。

## ◆ 正值懷孕期和哺乳期的女性

新式紋繡色乳所含的色素，不僅會被皮膚吸收，還有少部分色素會透過血液循環進入母乳的可能性存在，所以為了避免對嬰兒產生影響，會建議正值哺乳期的女性先不要做繡眼線。

另外，因任何輕微的疼痛都可能引起孕婦的子宮收縮，甚至導致流產，所以女性應避免在懷孕期間進行紋繡。

## ◆ 精神狀態異常者

完整繡眼線過程，可能須歷時1～2小時，若精神狀態不穩定，難以維持躺下姿勢，會對紋繡師的操作造成不便，進而影響最終的紋繡效果，因此精神狀態不穩定者，不適合進行繡眼線。

## ◆ 具有過敏體質者

若對紋繡色乳成分過敏者，不適合進行繡眼線，以免在紋繡的過程中，誘發出過敏的症狀。

## ◆ 嚴重心臟病、高血壓患者

在操作紋繡過程中，顧客可能會因緊張而血壓升高，造成嚴重心臟病或高血壓患者的病情不穩定，因此這類型的人不適合進行繡眼線。

## ◆ 慣性中風、關節炎患者

因這類型的病患隨時都有發病的可能，基於對顧客健康的考量，不建議進行繡眼線。

## ◆ 對繡眼線效果過度要求完美者

雖然繡眼線應追求對稱的美感，並可達到修飾眼形的效果。但人天生的眼睛大小並不完全對稱，因此若是要求繡眼線效果須非常完美，或絕對地對稱，則不適合進行繡眼線。

## ◆ 過度在意價格者

若有顧客忽略紋繡是一門專業技藝，而認為紋繡師的繡眼線費用過高，並企圖砍價、壓低價格，且經過溝通後仍無法接受訂價者，就不適合進行繡眼線。

## ◆ 未滿20歲者

因民法規定，臺灣法定年齡20歲，才是具有完全行為能力的成人，所以建議顧客年滿20歲後，再進行繡眼線。

| 不適合做半永久眼妝的條件 | 原因說明 |
|---|---|
| 單眼皮者 | 紋繡效果可能不明顯。 |
| 眼瞼外翻者 | 紋繡效果可能不明顯，且紋繡眼線時容易紅腫。 |
| 眼球突出者 | 容易在紋繡過程中誤傷眼睛。 |
| 患有傳染病者 | 容易將特定疾病傳染給他人。 |
| 凝血功能不佳者 | 容易傷口感染。 |
| 易產生疤痕體質者 | 容易因紋繡而誘發特定病症，例如：使蟹足腫增生；或易因疤痕體質，造成紋繡效果不佳。 |
| 眼部有傷口未癒者 | 有因紋繡而使傷口感染的風險。 |
| 眼部有發炎或病變者 | 有因紋繡而使病變加劇的風險。 |
| 正值經期的女性 | 凝血功能下降，容易傷口感染。 |
| 正值懷孕期和哺乳期的女性 | 有在紋繡過程中流產，或對嬰兒造成不良影響的風險。 |
| 精神狀態異常者 | 有嚴重影響紋繡操作過程及製作效果的風險。 |
| 具有過敏體質者 | 容易因紋繡而誘發過敏症狀。 |
| 嚴重心臟病、高血壓患者 | 有在紋繡過程中發病的風險。 |
| 慣性中風、關節炎患者 | 有在紋繡過程中發病的風險。 |
| 對繡眼線效果過度要求完美者 | 因紋繡效果可能無法滿足顧客需求。 |
| 過度在意價格者 | 不理解紋繡後的價值，或不願意付出合理的報酬。 |
| 未滿 20 歲者 | 具有紋繡同意書簽名後，缺乏法定效力的疑慮。 |

# 開始操作繡眼線

*Article 01* **隱形眼線**

## ◆ 假皮教學

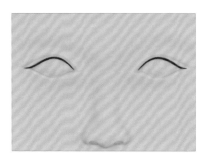

*Tools And Materials* 工具及材料

假皮、色料杯架、色料杯、黑色色乳、新式紋繡機器、
單針、不織布、手套。

*Step By Step* 步驟說明

» 初步繪製右側眼線

**01**

先準備一張全新假皮。

**02**

將單針的針片，裝入新式紋
繡機器中。（註：裝針片的
方法請參考 P.37。）

**03**

將色料杯裝入色料杯架中，
再將黑色色乳滴入色料杯。

**04**

將紋繡機器開機，並以針片
沾黑色色乳。（註：須在色
料杯邊緣刮除多餘色乳。）

**05**

以紋繡機器將針片由眼皮
中間往眼尾方向，繪製右
眼眼線。

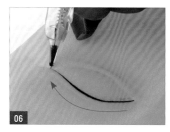

**06**

承步驟5，往另一側眼尾的
方向繪製右眼眼線。（註：
Z字型畫法，請參考 P.39。）

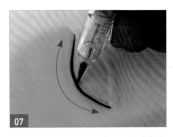

**07** 重複步驟5-6，來回繪製線條，以加粗右眼眼線。

**08** 如圖，右眼眼線初步繪製完成。

**09** 以不織布擦除多餘色乳。

» 加強右側眼線上色

**10** 如圖，多餘色乳擦除完成。

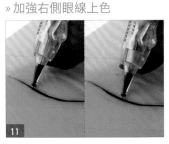

**11** 重複步驟7，來回繪製眼線，以加強上色。（註：Z字型畫法，請參考 P.39。）

**12** 以紋繡機器加強繪製右眼眼尾外側的眼線。

» 繪製左眼眼線

**13** 以不織布擦除多餘色乳。

**14** 如圖，右眼眼線繪製完成。

**15** 重複步驟4-12，繪製左眼眼線。（註：Z字型畫法，請參考 P.39。）

**16** 以不織布擦除多餘色乳。

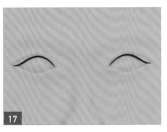

**17** 如圖，左眼眼線繪製完成。

## ◆真人操作

*Tools And Materials* 工具及材料

紋繡機器、手套、口罩、髮帶、不傷膚紙膠帶、生理食鹽水、剪刀、保鮮膜、單針、濕紙巾、冰敷袋、不織布、棉花棒、色料杯、色料杯架、戒杯、黑色色乳、黑粉。

隱形眼線 操作真人
動態影片 QRcode

**紋繡前Before**

正面 右側面 左側面

▼

**操作前的狀態**

曾經紋繡過眼線，但眼線太細且已經褪色。

▼

**紋繡後After**

正面 右側面 左側面

▼

**操作後的狀態**

新紋繡的眼線顏色較黑，且有紋繡到上睫毛的根部，可明顯增加眼部層次。

## 紋繡眼線的流程

**STEP 01**　協助顧客卸妝、移除隱形眼鏡，以及綁髮帶。

**STEP 02**　拍攝紋繡前的照片。

**STEP 03**　以生理食鹽水清潔眼部周圍及眼球。

**STEP 04**　　以不傷膚紙膠帶固定上眼皮，以方便紋繡操作。

**STEP 05**　調配適合顧客眼線顏色的色乳。（註：此教學以黑色色乳及黑粉示範。）

**STEP 06**　將針片裝入紋繡機器。（註：此教學以單針示範。）

**STEP 07**　以針片沾色乳，並進行紋繡。（註：上色位置包含外眼線及內眼線。）

**STEP 08**　第一次紋繡後，以棉花棒沾色乳塗抹在紋繡過的部位。

**STEP 09**　以剪刀剪下適當大小的保鮮膜，並覆蓋在塗抹色乳的部位上。

**STEP 10**　將冰敷袋放在保鮮膜上，冰敷約 5 ～ 10 分鐘，以加強上色。（註：敷色乳的時長，可依照顧客膚質的上色難易度，進行延長或縮短。）

**STEP 11**　移除冰敷袋及保鮮膜，並以濕紙巾擦掉多餘色乳。

**STEP 12**　以濕紙巾稍微用力按壓紋繡過的部位，以擦除組織液。（註：擦掉組織液，可防止結痂太厚而掉色太多。）

**STEP 13**　重複步驟7-12，完成第二次紋繡上色。（註：最後一次敷色乳的時長可較長，以加強上色；操作真人紋繡的上色次數，可依照顧客的實際上色程度調整。）

**STEP 14**　以生理食鹽水及濕紙巾將顧客臉部清潔乾淨。

**STEP 15**　最後，拍攝紋繡後的照片即可。（註：須教導顧客如何保養及照顧紋繡的傷口，並可請顧客每天拍攝並傳送紋繡部位的照片給紋繡師，以評估是否須進行補色。）

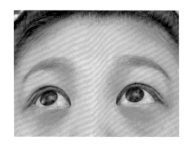

① 紋繡前

② 紋繡上色（共上色兩次，完成）

★ 在黑色色乳中加入黑粉調勻，可使紋繡顏色更黑。

★ 若在紋繡眼線時，不慎使色料跑進眼睛，可以生理食鹽水多清洗幾次眼睛。

★ 以針片沾色乳後，須在色料杯邊緣刮除針上多餘的色料，以免多餘色料影響紋繡師操作的視線。

★ 紋繡眼線時，紋繡師須將眼皮撐開後上色，才能上色均勻。

# 操作繡眼線後

當紋繡師操作完眼部的新式紋繡後，須對顧客進行繡眼後，如何保養傷口的衛生教育。

## *Article 01* 繡眼後保養須知

在學習如何保養紋繡的眼線前，須先明白紋繡上色後的恢復期，大約分成三個階段：結痂期、掉痂期及返色期。其中，顧客在繡眼線後的1～3天，眼睛會紅腫及結痂；而在4～7天後開始掉痂。而在掉痂完到約30～45天後的這段時間，就是返色期。

剛操作完眼線時，顧客的眉毛顏色看起來正常，隔天顏色會因為氧化而加深，而到了掉完結痂時，眉毛的顏色會顯得很淡，可是此時的顏色濃淡是暫時的，要度過返色期後，紋繡在皮膚表層的色素才會慢慢顯現出第一次上色的真實眼線顏色。若顧客對第一次上色的眼線顏色不滿意，可在大約一個月後，請紋繡師進行第二次上色，也就是補色。

STEP 01　紋繡當天：通常做完當下不會有特別的感覺。

STEP 02　結痂期：約在1～3天後開始紅腫及結痂。通常操作部位的顏色，會在第二天變深。

STEP 03　掉痂期：約4～7天後完全掉痂。通常操作部位掉痂後，顏色會變很淡。

STEP 04　返色期：掉痂完到約30～45天後。操作部位在返色期結束後，會顯現此次紋繡的真正顏色。

至於繡眼後保養須知的說明，請參考如下。

## ◆ 以冰敷消腫

在剛繡眼線後的1～3天，可以冰敷紅腫的眼睛，幫助消腫。冰敷時，不可將冰袋直接放在施作紋繡的部位上，以免退冰的水滴碰到傷口，影響留色率。冰敷時，請以單眼30分鐘的時長交替冰敷雙眼。

## ◆ 避免熬夜

在剛繡完眼線的7天內，盡量不要熬夜，以使眼部傷口獲得充分的休養。

### ◆ 必要時可使用消炎藥

若顧客在繡眼線1～3天後，眼部的紅腫仍未消退，可向醫師諮詢並經過評估後，自行至藥局購買消炎藥服用，幫助傷口癒合，或在眼皮上塗抹少量的消炎藥膏協助消腫。

在眼部紋繡後的結痂、掉痂期間，眼睛較容易有分泌物。若分泌物是白色或黑色，代表一切健康正常；但若分泌物是黃色，則代表有發炎跡象。

### ◆ 保持紋繡部位的乾燥

在等待脫痂期間，顧客須保持紋繡部位的乾燥，並盡可能待在冷氣房中，以減少排汗。

但若顧客感到紋繡部位已過度乾燥，而感覺不舒服，則建議顧客可到藥局購買凡士林，並塗抹少量凡士林在操作過紋繡的部位。

### ◆ 等待結痂自然脫落

眼線結痂及掉痂期間，絕不可用手摳除痂皮，否則痂皮會連同表皮的色素一起被去除，導致眼線留色率不佳。

若掉痂時無法忍耐傷口乾癢，可以乾淨棉籤少許沾食鹽水輕輕按壓眼部止癢。

### ◆ 避免眼部傷口碰生水

在掉痂結束前，須避免讓眼部碰生水。因此繡眼線後7～10天內不可泡澡、游泳、泡溫泉、待在烤箱或蒸氣室中，以免水分及水氣使傷口軟化，而增加傷口感染的風險。若要洗臉，則須避開眼部位置，保持眼部的清潔及乾燥。

### ◆ 避免在眼部擦拭化妝品

在繡眼線後的修復期間，應避免在眼部擦拭化妝品，否則容易產生留色太淡的問題。

### ◆ 禁吃刺激性強的食物

　　在紋繡後七天內，禁吃任何刺激性強的食物，例如：海鮮、辛辣食物、菸酒、牛肉、羊肉及各式發物等，以免誘發傷口腫脹疼痛。

## Article 02  繡眼線的補救方法

　　顧客紋繡經過返色期後，若感到不滿意，通常是因為眼線顏色太淺、眼線變色或出現暈色狀況的問題。

### ◆ 眼線補色

　　眼線補色就是替至少在一個月前被自己繡過眼線的回頭客，在睫毛根部上進行第二次的上色。補色在紋繡業中是很常見的做法，因為每個人的膚質、體質不同，紋繡留色率的高低也會有差異，加上顏色太淡比顏色太深更容易修改、補救，因此大部分的紋繡師都會願意幫眼線太淡的顧客進行補色，以達到最佳的繡眼線成果。

　　通常在顧客若在繡眼線後3天內碰水、流淚或膚質屬於油性、敏感性者，留色率可能較差。

### ◆ 眼線轉色

　　眼線轉色就是將已經變色的眼線，轉換成顏色較自然的眼線。通常顧客眼線變色的狀況有兩種：一種是因為入針深度到達較深的真皮層，導致色乳和體內的酵素發生反應；另一種是少部分不肖業者使用劣質色乳進行紋繡，以上兩者因素皆會導致眼線變藍。

眼線轉色前

　　眼線轉色的方法是利用色彩學的知識，以橙咖啡色轉藍色眼線，以更換成較自然的黑色系。

眼線轉色後

### ◆ 修正眼線暈色

　　當紋繡師在製作眼線時，操作手法不小心太大力而入針太深，或紋繡機器在同一定點停留過久，都有可能導致眼線在修復期後，產生色素擴散的暈色問題。此時只能等色素自然淡化後，再製作新的紋繡眼線；或是請顧客去醫美診所，用雷射洗掉多餘的暈色。

# LIP MICROBLADING

# 唇妝篇

CHAPTER. 04

# 操作繡唇前

在實際操作繡唇前,須先了解唇妝對唇型修飾的重要性,並掌握唇型設計的基礎概念,以及學會評估顧客體質狀態,是否適合進行繡唇的操作。

本章節所介紹的繡唇,都是指半永久定妝的新式繡唇。而新式繡唇及傳統的舊式紋唇的比較,請參考以下表格:

| | 舊式紋唇 | 新式繡唇(半永久定妝) |
| --- | --- | --- |
| 紋繡下針深度 | 較深層,易出血。 | 較淺層,不易出血。 |
| 疼痛感 | 較易感到疼痛。 | 較不易疼痛。 |
| 操作時長 | 操作時間較長。 | 操作時間較短。 |
| 腫脹程度 | 操作後容易腫脹成「香腸嘴」,須幾天後才能消腫。 | 操作後不易腫脹,可以正常出門見人。 |
| 使用色乳 | 可能使用含重金屬的劣質色乳。 | 使用純天然的植物性或醫療級色乳。 |
| 紋繡效果 | 唇框明顯,有畫濃妝的感覺。 | 唇框不明顯,呈現自然淡妝的感覺。 |
| 留色時間 | 永久上色。 | 約可維持 2 ～ 5 年,唇色會隨著時間逐漸褪色、變淡。 |

## *Article 01* 認識繡唇的重要性

擁有美麗的嘴唇,不僅能提亮膚色、改善氣色,還能帶給他人容易親近的第一印象。

### ◆真人繡唇前後對比

以下將藉由真人實際進行繡唇的操作前、後對比照片,使唇部的變化一覽無遺。

繡唇前(曾做過繡唇,但已褪色)

繡唇後

## ◆繡唇的好處

　　以新式紋繡製作唇妝的好處有三點，分別是可以修飾唇型及唇色、增加臉部氣色，以及免除化妝的麻煩。

### ① 修飾唇型及唇色

　　以半永久化妝術製作繡唇，不僅可以修飾唇角下垂、唇型較扁小等唇型，還可以改善唇色暗沉、顏色不均等狀況，以達到豐唇、美唇的效果。關於不同唇型的設計方法的詳細說明，請參考 P.120。

### ② 增加臉部氣色

　　繡唇後的粉嫩、晶亮等唇色效果，可以使臉部膚色看起來更有朝氣，同時也能凸顯牙齒的淨白，從而在視覺上達到增加臉部氣色的效果。

### ③ 免除化妝的麻煩

　　若是以化妝的方式美化嘴唇，不僅須額外花費金錢購買化妝品，還須每天花費時間塗抹口紅及唇蜜，並擔心汗水或進食會使嘴唇脫妝。但如果能以新式紋繡製作唇妝，就可以免除以上化妝的麻煩。

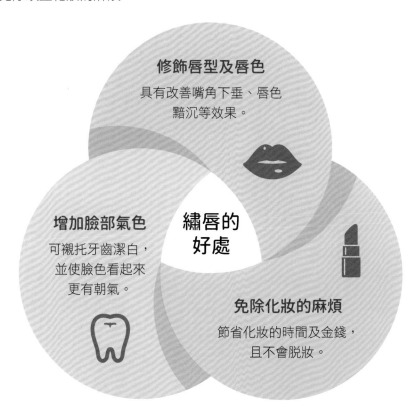

修飾唇型及唇色
具有改善嘴角下垂、唇色
黯沉等效果。

增加臉部氣色
可襯托牙齒潔白，
並使臉色看起來
更有朝氣。

繡唇的
好處

免除化妝的麻煩
節省化妝的時間及金錢，
且不會脫妝。

## Article 02 唇型設計須知

在設計唇型前,紋繡師須先熟悉嘴唇的基本構造。

### ◆ 嘴唇的部位名稱介紹

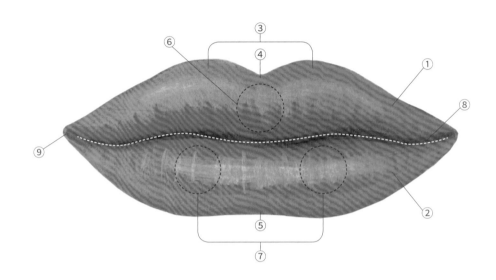

① 上唇

上半部的嘴唇。

② 下唇

下半部的嘴唇。

③ 唇峰

上唇位置較突出的兩個高點。

④ 唇谷

兩個唇峰之間的下凹部位是
唇谷。

⑤ 唇底

下唇較突出的部位,也就是
嘴唇的底部。

⑥ 上唇結節

又稱為唇珠。是上唇較向外突出的部位,
數量只會有一個,但不是每個人都有唇珠。

⑦ 下唇結節

下唇較向外突出的部位,數量至多有兩
個,且通常從側面觀看時較明顯。

⑧ 口裂

上、下唇開合的部位。

⑨ 唇角

口裂兩側的位置。

## ◆ 最佳嘴唇寬度

設計唇型時，一般最佳的嘴唇寬度，
大約會和顧客在眼睛平視狀態下，雙眼眼
珠內側的距離相等。

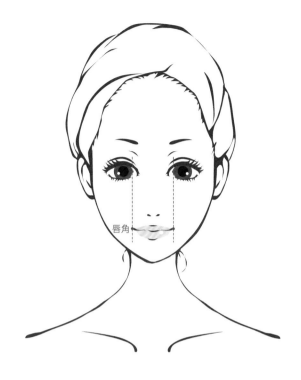

唇角

## *Article 03* **繪製嘴唇的方法**

## ◆ 繪製唇型的方法

在學習繪製唇型時，須從標準唇開始練習，因為在幫顧客調整唇型時，都會依據標準
唇的比例，當作設計的參考對象。

標
準
唇
簡
介

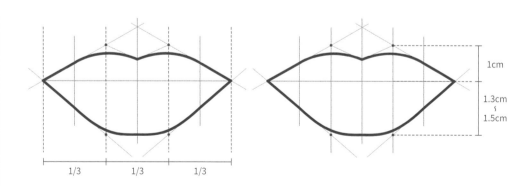

標準唇的特徵是兩側唇角到唇峰的距離，以及兩個唇峰之間的距離大約是1：1：1，
也就是大概各占嘴唇長度的1/3。且標準唇的上唇厚度會略小於下唇，上唇厚度約
1公分，下唇則約1.3～1.5公分。另外，在設計唇型時，須使兩側唇角位在同一
水平高度。

## ◆ 標準唇基本畫法

A •                  • B

### STEP 01

繪製點A、B，且兩點相距5.4公分。此處點A、B為兩側唇角位置。

A •———————— a ————————• B

### STEP 02

繪製一條連接點A、B的直線，為線a。

### STEP 03

在線a的中間，繪製一條與線a垂直的直線，為線b。

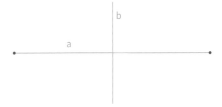

### STEP 04

在線a上繪製4條垂直線，為線c～f，並使線b及線c～f共同將線a大約平分成六等分。

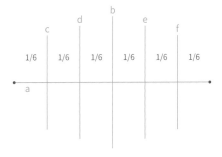

### STEP 05

在線d上繪製點C、D，且C點距離線a約1公分，而點D距離離線a約1.5公分。此處點C為一個唇峰的位置。

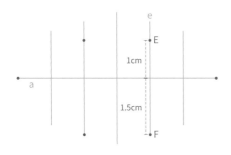

STEP 06

在線e上繪製點E、F，且E點距離線a約1公分，而點F距離離線a約1.5公分。此處點E為另一個唇峰的位置。

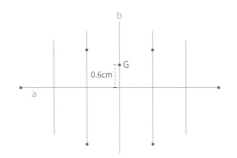

STEP 07

在線b上繪製點G，且點G距離線a約0.6公分。此處點G為唇谷的位置。

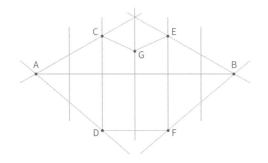

STEP 08

在點和點之間繪製輔助線段。

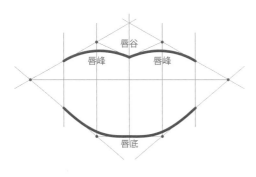

STEP 09

承步驟8，以線段輔助繪製出上唇及下唇的弧線，為唇峰、唇谷及唇底。

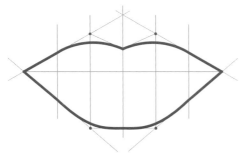

STEP 10

從兩側唇角繪製弧線，連接至唇弓及唇底，即完成標準唇繪製。

## *Article 04* **不同唇型的設計方法**

### ◆ 唇型設計的主要原則

從標準唇的介紹可知，設計唇型的主要原則有以下幾點：

①兩側唇角須位在同一水平高度，且唇角角度須小幅度的往上揚，會較美觀。

②上、下唇的厚度比例約為1：1.3～1.5。若嘴唇太厚或太薄，可適當向外擴大或向內縮小，只是調整的大小不能超過1公釐，否則嘴唇會看起來有明顯的外、內兩層唇線。

③唇峰、唇谷的起伏要夠明顯，才能展現唇型輪廓的美麗。

④紅唇及臉部膚色的交界線條不可太明顯，若框線感太重，看起來會不夠自然。

不過，紋繡師在以上述原則設計唇型時，也別忘記詢問顧客的意願及需求，以確保最終設計結果能使雙方都滿意。

### ◆ 不同唇型的設計重點

以下為幾種常見的唇型，以及對應的設計重點，可供讀者作為唇型設計的參考。

| | | |
|---|---|---|
| 標準唇 |  | 標準唇的顧客在紋繡時無須改變唇型，只須改變唇色即可。 |
| 厚唇 |  | 厚唇的唇型為上、下唇皆均勻豐滿。若要修改唇型，最多再往內縮1mm的位置進行紋繡，以操作出唇部縮小的效果。 |

薄唇可以分成上、下唇其中一側偏薄,或兩者皆偏薄的情形,容易給人難親近的感覺。
若要修改唇型,則可在偏薄的嘴唇外約1mm處進行紋繡,以達到唇部擴大的效果。

唇型偏窄小

以最佳嘴唇寬度的標準衡量後,若顧客唇型偏窄小,可將唇角稍微往外拉長,以達到唇型變寬的效果。

唇型不對稱

當顧客的唇型不對稱時,可以稍微外擴或內縮的方式,達到唇型較對稱、平衡的效果。

唇型輪廓不明顯

當顧客的唇峰及唇谷的高度落差不明顯,以至於唇型輪廓像是平滑的圓弧線時,紋繡師可在唇谷位置內縮一點,以製作出較有起伏變化的唇型。

| | |
|---|---|
| 唇<br>角<br>下<br>垂 |  當顧客的唇型屬於唇角下垂類型，紋繡師可將唇角的輪廓向上提高，但至多不要修改超過1.5mm，以免唇型變得不自然。 |
| 唇<br>峰<br>偏<br>尖 |  當顧客的唇型屬於唇峰偏尖、輪廓較有稜角感的唇型，紋繡師可適當提高唇谷的位置，並將上唇的唇線製作成較平緩的弧線，以增加唇型給人的親切感。 |

## Article 05 紋繡唇色的搭配方法

### ◆ 影響唇色選擇的因素

　　了解如何根據顧客需求設計唇型後，紋繡師即可決定繡唇要使用的顏色。在替顧客挑選適合的色乳顏色時，須以顧客當下的原生唇色及臉部膚色為主要考慮因素，而顧客的個人喜好及意願，也是輔助選擇顏色的參考指標。

① 原生唇色

　　若顧客原本的唇色偏白或偏紅，則適用幾乎大部分的繡唇色乳顏色；若顧客原本的唇色偏黑，則建議使用橘紅色系的色乳，以達到提亮唇色的效果。

② 臉部膚色

　　若顧客的臉部膚色偏白，則適用幾乎大部分的繡唇色乳顏色，尤其是偏明亮、鮮豔的色系。但是這類型的人須避免使用彩度低的裸色系色乳，以免看起來缺乏氣色。

　　若顧客的臉部膚色偏黃，則適合偏暖色系的唇色，例如：橘紅色、寶石紅或鮮紅色等。而且這類型的人須避免使用深紅色及偏冷色系的顏色，以免使臉部看起來顯老、顯黑。

　　若顧客的臉部膚色偏黑，則適合偏淺淡或濃豔的色系，例如：裸色系或石榴紅等。而且這類型的人不適合粉紅色或螢光色系，以免使臉部看起來顯髒。

③ 顧客個人喜好

　　在施作唇部的新式紋繡前，紋繡師可以透過口頭詢問顧客，或請顧客攜帶個人常用的唇膏，來判斷對方偏好的唇色，以作為挑選色乳的參考資訊。

## ◆ 常見的繡唇色乳顏色須知

目前市面上有許多色乳的品牌，所以即使是相同顏色的色乳，在不同品牌下的顏色名稱可能不同。在介紹唇色色乳的常用顏色前，須先了解如何區分唇色的冷、暖色系。

### ① 區分冷暖色

在一般色彩學的色相環中，人們會把紅色、橘色、黃色等顏色稱為暖色，而綠色、藍色、紫色等顏色稱為冷色。但其實冷、暖色是相對的概念，因此即使繡唇的常用顏色放在色相環內，與其他顏色比較時，看起來都屬於暖色，但若將這些唇色互相比較時，冷、暖色的分類就會重新定義。如右圖所示，右側的顏色與左側的顏色相比，就成了偏冷的顏色。

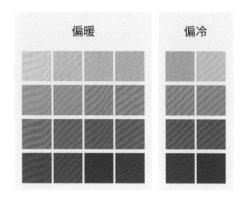

### ② 繡唇色乳顏色簡介

在常見的唇色色乳中，可將顏色分為由正紅色與其他顏色調配出的各種紅色系，例如：加入白色調配出的粉紅色、加入黃色調配出的橘紅色、加入藍色調配出的玫瑰紅色，以及加入黑色調配出的深紅色系等。

其中，橘紅色色乳常用於改善顧客的黑唇或唇色不均等狀況，是紋繡師操作繡唇，所必備的色乳顏色。關於繡唇常用色，請參考 P.31。


## *Article 06* **不適合做半永久唇妝者的條件**

### ◆ 唇裂患者

唇裂又稱為兔唇。因繡唇會使唇裂看起來更明顯，因此不建議唇裂患者進行繡唇。


### ◆ 患有傳染病者

因愛滋病、B 型肝炎等病症的病毒可藉由血液、淚液等途徑傳播，而新式紋繡的過程會刺破人體免疫的第一道防線，也就是皮膚。為了避免傳染病交叉感染，所以患有傳染病者不適合繡唇。

另外，患有傳染性皮膚病者，同樣為了避免接觸感染，所以也不適合繡唇。

## ◆ 凝血功能不佳者

儘管新式紋繡的入針深度淺，但仍有少許出血的可能性，所以不論是因患有血小板減少症、血友病、糖尿病等病症，或因兩周內服用過含有阿斯匹林等，會降低凝血功能的藥物，所導致凝血功能不佳者，皆不宜進行繡唇。

## ◆ 易產生疤痕體質者

例如：具有蟹足腫體質者。因為這類型的人在紋繡後，很可能會因容易留疤而影響繡唇的效果，甚至誘發蟹足腫增生的症狀，所以不建議易產生疤痕體質者進行繡唇。

## ◆ 唇部有傷口未癒者

近期唇部受過傷、或曾在唇部附近動過手術，且傷口尚未痊癒者，須等到傷口完全復原後，才能進行繡唇。

## ◆ 唇部有發炎或病變者

近期唇部有紅疹子、脂漏性皮炎等病變者，建議先將病症治癒後，再進行繡唇。

## ◆ 正值經期的女性

因女性在經期期間，血液中的纖維蛋白酶原的前體激活物會增加，而這個物質會破壞傷口癒合時的凝血塊，造成紋繡後的傷口較難癒合，從而增加傷口感染的風險，所以建議女性繡唇時應避開經期。

## ◆ 正值懷孕期和哺乳期的女性

新式紋繡色乳所含的色素，不僅會被皮膚吸收，還有少部分色素會透過血液循環進入母乳的可能性存在，所以為了避免對嬰兒產生影響，會建議正值懷孕期和哺乳期的女性先不要做繡唇。

另外，因任何輕微的疼痛都可能引起孕婦的子宮收縮，甚至導致流產，所以女性應避免在懷孕期間進行紋繡。

## ◆ 精神狀態異常者

完整繡唇過程，可能須歷時1～2小時，若精神狀態不穩定，難以維持躺下姿勢，會對紋繡師的操作造成不便，進而影響最終的紋繡效果，因此精神狀態不穩定者，不適合進行繡唇。

## ◆ 具有過敏體質者

若對紋繡色乳成分過敏者，不適合進行繡唇，以免在紋繡的過程中，誘發出過敏的症狀。

## ◆ 嚴重心臟病、高血壓患者

在操作紋繡過程中，顧客可能會因緊張而血壓升高，造成嚴重心臟病或高血壓患者的病情不穩定，因此這類型的人不適合進行繡唇。

## ◆ 慣性中風、關節炎患者

因這類型的病患隨時都有發病的可能，基於對顧客健康的考量，不建議進行繡唇。

## ◆ 對繡唇效果過度要求完美者

雖然繡唇可達到修飾唇型的效果。但紋繡的結果可能會因事後照顧程度，及個人體質等因素影響，而與顧客的預期產生些許落差，所以若是要求繡唇效果須非常完美，則不適合進行繡唇。

## ◆ 過度在意價格者

若有顧客忽略紋繡是一門專業技藝，而認為紋繡師的繡唇費用過高，並企圖砍價、壓低價格，且經過溝通後仍無法接受訂價者，就不適合進行繡唇。

## ◆ 未滿20歲者

因民法規定，臺灣法定年齡20歲，才是具有完全行為能力的成人，所以建議顧客年滿20歲後，再進行繡唇。

| 不適合做半永久唇妝的條件 | 原因說明 |
| --- | --- |
| 唇裂患者 | 紋繡效果可能不佳。 |
| 患有傳染病者 | 容易將特定疾病傳染給他人。 |
| 凝血功能不佳者 | 容易傷口感染。 |
| 易產生疤痕體質者 | 容易因紋繡而誘發特定病症，例如：使蟹足腫增生；或易因疤痕體質，造成紋繡效果不佳。 |
| 唇部有傷口未癒者 | 有因紋繡而使傷口感染的風險。 |
| 唇部有發炎或病變者 | 有因紋繡而使病變加劇的風險。 |
| 正值經期的女性 | 凝血功能下降，容易傷口感染。 |
| 正值懷孕期和哺乳期的女性 | 有在紋繡過程中流產，或對嬰兒造成不良影響的風險。 |
| 精神狀態異常者 | 有嚴重影響紋繡操作過程及製作效果的風險。 |
| 具有過敏體質者 | 容易因紋繡而誘發過敏症狀。 |
| 嚴重心臟病、高血壓患者 | 有在紋繡過程中發病的風險。 |
| 慣性中風、關節炎患者 | 有在紋繡過程中發病的風險。 |
| 對繡唇效果過度要求完美者 | 因紋繡效果可能無法滿足顧客需求。 |
| 過度在意價格者 | 不理解紋繡後的價值，或不願意付出合理的報酬。 |
| 未滿 20 歲者 | 具有紋繡同意書簽名後，缺乏法定效力的疑慮。 |

# 開始操作繡唇

*Article 01* **新式繡唇**

## ◆ 假皮教學

*Tools And Materials* 工具及材料

假皮、手套、圓5針、紋繡機器、鮮紅色色乳、色料杯架、色料杯、不織布。

*Step By Step* 步驟說明

» 唇部初步上色

01

先準備一張全新假皮。

02

將色料杯裝入色料杯架中，再將鮮紅色色乳擠入色料杯。

03

將圓5針的針片，裝入新式紋繡手工筆桿中。（註：裝針片的方法請參考 P.37。）

04

將紋繡機器插電、開機，並以針片沾鮮紅色色乳。（註：須在色料杯邊緣刮除多餘色乳。）

05

以紋繡機器在上唇以打圈畫法上色。（註：打圈畫法請參考 P.39。）

06

重複步驟5，持續以打圈畫法繪製上唇。（註：打圈畫法，適用較大面積的上色。）

07

如圖，上唇初步繪製完成。

08

重複步驟5-6，以打圈畫法繪製下唇。

09

如圖，下唇初步繪製完成。

10

以不織布蓋在嘴唇上，並用手指輕輕按壓，以吸附多餘色乳。

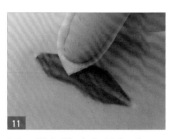

11

以不織布擦除多餘色乳。

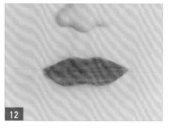

12

如圖，嘴唇第一次上色完成。

» 唇部加強上色

13

以紋繡機器在上唇框以Z字型來回平推色乳，以繪製唇框。（註：Z字型畫法，適用於繪製線條；Z字型畫法，請參考P.39。）

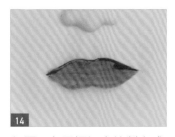

14

如圖，上唇框初步繪製完成。

15

重複步驟13，來回繪製下唇框。

16

重複步驟13，加強唇框上色。（註：唇角角度可稍微向上繪製。）

17

如圖，下唇框初步繪製完成。

18

重複步驟5-6，以打圈畫法將嘴唇上色。

19

如圖，嘴唇第二次上色完成。

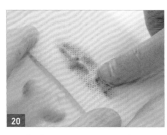

20

重複步驟10，吸附多餘色乳。

21

重複步驟11，擦除多餘色乳。

22

以點霧方式，加強唇部的細部上色。（註：點霧法可填補小範圍空洞的上色，請參考P.39。）

23

在上下唇間繪製線條，以加強唇間縫隙的上色。

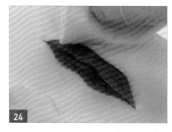

24

重複步驟11，擦除多餘色乳。

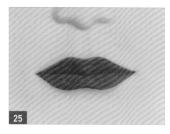

25

如圖，繡唇製作完成。

◆真人操作1

*Tools And Materials* 工具及材料

口罩、手套、排7針、紋繡機器、保鮮膜、冰敷袋、棉花棒、不織布、濕紙巾、剪刀、油性清潔液、色料杯、色料杯架、鏡子、橘紅色色乳、玫瑰紅色乳、鮮紅色色乳。

轉色及改唇型
操作真人動態影片
QRcode

紋繡前Before

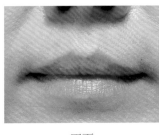 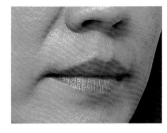 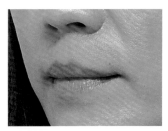

正面　　　　　　　右側面　　　　　　　左側面

操作前的狀態

以前做過繡唇，但已褪色，且唇上有白點、唇色不均，須使用橘紅色色乳轉色。

紋繡後After

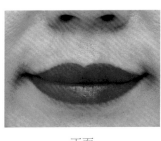 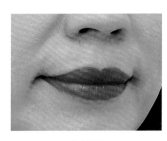 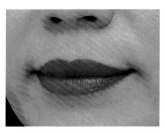

正面　　　　　　　右側面　　　　　　　左側面

操作後的狀態

唇色變紅潤且均勻、唇峰被修飾的較圓潤。

130

## 紋繡唇部的流程

STEP O1　協助顧客卸妝、清潔臉部。

STEP O2　拍攝紋繡前的照片。

STEP O3　調配適合顧客唇色的色乳。（註：此教學以橘紅色、玫瑰紅及鮮紅色色乳調勻後示範。）

STEP O4　將針片裝入紋繡機器。（註：此教學以排7針示範。）

STEP O5　以針片沾色乳，並進行紋繡。（註：以打圈畫法將唇部較大面積上色，並以點霧手法將細部上色。）

STEP O6　第一次紋繡後，以棉花棒沾色乳塗抹在紋繡過的部位。

STEP O7　以剪刀剪下適當大小的保鮮膜，並覆蓋在塗抹色乳的部位上。

STEP O8　將冰敷袋放在保鮮膜上，冰敷約10分鐘，以加強上色。（註：敷色乳的時長，可依照顧客膚質的上色難易度，進行延長或縮短。）

STEP O9　移除冰敷袋及保鮮膜，並以濕紙巾擦掉多餘色乳。

STEP 10　以濕紙巾稍微用力按壓紋繡過的部位，以擦除組織液。（註：擦掉組織液，可防止結痂太厚而掉色太多。）

STEP 11　重複步驟4-10，完成第二次至第四次紋繡上色。（註：最後一次敷色乳的時長可較長，以加強上色；操作真人紋繡的上色次數，可依照顧客的實際上色程度調整。）

STEP 12　以油性清潔液及濕紙巾將顧客臉部清潔乾淨。

STEP 13　最後，拍攝紋繡後的照片即可。（註：須教導顧客如何保養及照顧紋繡的傷口，並可請顧客每天拍攝並傳送紋繡部位的照片給紋繡師，以評估是否須進行補色。）

## 上色狀態

① 紋繡前

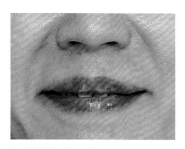
② 紋繡上色一次

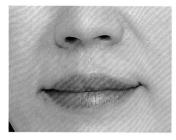
③ 紋繡上色兩次

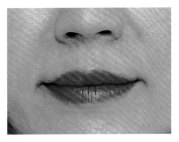

④ 紋繡上色三次　　　　　⑤ 紋繡上色四次（完成）

## *Tips*

★ 紋繡嘴唇時，紋繡師須將唇部肌膚撐開後上色，才能上色均勻。

★ 以針片沾色乳後，須在色料杯邊緣刮除針上多餘的色料，以免多餘色料影響紋繡師操作的視線。

★ 當顧客的唇部有黑唇或唇色不均的狀況，都可以使用橘紅色色乳進行轉色。

★ 紋繡時須記得製作唇內膜的部分，製作至顧客張口後，唇內側不會出現明顯沒上色的突兀感即可。

## ◆ 真人操作2

*Tools And Materials* 工具及材料

漂唇及改黑唇
操作真人動態影片
QRcode

紋繡機器、手套、口罩、排7針、棉花棒、冰敷袋、不織布、濕紙巾、剪刀、保鮮膜、鏡子、橘紅色色乳、粉紅色色乳、玫瑰紅色乳。

紋繡前 Before

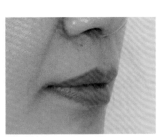

正面　　　　　　　　右側面　　　　　　　　左側面

操作前的狀態

原本唇色偏暗，須使用橘紅色色乳轉色。

▼

紋繡後 After

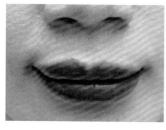  

正面 　　　　　　　右側面 　　　　　　　左側面

▼

操作後的狀態

唇色變紅潤，看起來更有精神。

## 紋繡唇部的流程

STEP 01　協助顧客卸妝、清潔臉部。

STEP 02　拍攝紋繡前的照片。

STEP 03　調配適合顧客唇色的色乳。（註：此教學以橘紅色、粉紅色及玫瑰紅色乳調勻後示範。）

STEP 04　將針片裝入紋繡機器。（註：此教學以排7針示範。）

STEP 05　以針片沾色乳，並進行紋繡。（註：以打圈畫法將唇部較大面積上色，並以點霧手法將細部上色。）

STEP 06　第一次紋繡後，以棉花棒沾色乳塗抹在紋繡過的部位。

STEP 07　以剪刀剪下適當大小的保鮮膜，並覆蓋在塗抹色乳的部位上。

STEP 08　將冰敷袋放在保鮮膜上，冰敷約10分鐘，以加強上色。（註：敷色乳的時長，可依照顧客膚質的上色難易度，進行延長或縮短。）

| STEP 09 | 移除冰敷袋及保鮮膜,並以濕紙巾擦掉多餘色乳。 |
|---|---|
| STEP 10 | 以濕紙巾稍微用力壓紋繡過的部位,以擦除組織液。(註:擦掉組織液,可防止結痂太厚而掉色太多。) |
| STEP 11 | 重複步驟4-10,完成第二次紋繡上色。(註:最後一次敷色乳的時長可較長,以加強上色;操作真人紋繡的上色次數,可依照顧客的實際上色程度調整。) |
| STEP 12 | 以油性清潔液及濕紙巾將顧客臉部清潔乾淨。 |
| STEP 13 | 最後,拍攝紋繡後的照片即可。(註:須教導顧客如何保養及照顧紋繡的傷口,並可請顧客每天拍攝並傳送紋繡部位的照片給紋繡師,以評估是否須進行補色。) |

## 上色狀態

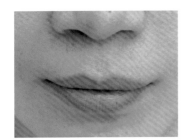

① 紋繡前

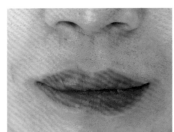

② 紋繡上色一次

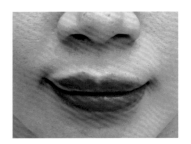

③ 紋繡上色兩次(完成)

## *Tips*

★ 紋繡嘴唇時,紋繡師可使用棉花、棉片或手將唇部整個撐開後,再跑上色,才能上色均勻。

★ 以針片沾色乳後,須在色料杯邊緣刮除針上多餘的色料,以免多餘色料影響紋繡師操作的視線。

★ 當顧客的唇部有黑唇或唇色不均的狀況,都可以使用橘紅色色乳進行轉色。

★ 紋繡時須記得製作唇內膜的部分,製作至顧客張口後,唇內側不會出現明顯沒上色的突兀感即可。

# 操作繡唇後

當紋繡師操作完唇部的新式紋繡後，須對顧客進行繡唇後，如何保養傷口的衛生教育。

## *Article 01* 繡唇後保養須知

在學習如何保養紋繡的嘴唇前，須先明白紋繡上色後的恢復期，大約分成三個階段：結痂期、掉痂期及返色期。其中，顧客在繡唇後的1～3天，嘴唇會紅腫及結痂；而在4～7天後開始掉痂。而在掉痂完到約30～45天後的這段時間，就是返色期。

剛操作完繡唇時，顧客的嘴唇顏色會很濃、很深，到了掉完結痂時，嘴唇的顏色會顯得很淡，可是此時的顏色濃淡是暫時的，要度過返色期後，紋繡在皮膚表層的色素才會慢慢顯現出第一次上色的真實唇色。若顧客對第一次上色的嘴唇顏色不滿意，可在大約三個月後，請紋繡師進行第二次上色，也就是補色。

STEP 01　紋繡當天：通常做完當下的顏色會很紅、很深。

STEP 02　結痂期：約在1～3天後開始紅腫及結痂。

STEP 03　掉痂期：約4～7天後完全掉痂。通常操作部位掉痂後，顏色會變很淡。

STEP 04　返色期：掉痂完到約30～45天後。操作部位在返色期結束後，會顯現此次紋繡的真正顏色。

至於繡唇後保養須知的說明，請參考如下。

### ◆ 多活動嘴唇

在繡唇後的24小時內，盡量多說話、多活動嘴唇，以促進唇部血液流動，有助於消腫。例如：顧客可以重複說啊、咿、嗚、欸、喔等字，使嘴型不斷改變來活動嘴唇。

### ◆ 以濕棉片輕拭嘴唇

在繡唇後的24小時內，用棉片沾蒸餾水輕擦唇部，以保持清潔。

## ◆ 以冰敷消腫

在剛繡唇後的 1 ～ 3 天，可間斷性用毛巾隔著冰塊或冰袋，冰敷紅腫的唇部，以加速消腫。

## ◆ 口服抗病毒藥物或維生素 B 群

繡唇後 3 天內，可向醫師諮詢並經過評估後，自行至藥局購買阿昔洛韋片等，抗病毒藥物或維生素 B 群服用，以增強抵抗力，防止唇部產生唇皰疹。

## ◆ 必要時可使用消炎藥

在繡唇後的前 3 天，可向醫師諮詢並經過評估後，自行至藥局購買消炎藥服用或塗抹，以幫助消腫，以及避免感染發炎。

## ◆ 保持紋繡部位的乾燥

在等待脫痂期間，顧客須保持紋繡部位的乾燥，並盡可能待在冷氣房中，以減少排汗。

但若顧客感到紋繡部位已過度乾燥，而感覺不舒服，則建議顧客可到藥局購買凡士林，並塗抹少量凡士林在操作過紋繡的部位。

## ◆ 以生理食鹽水清潔口腔

在繡唇後 3 ～ 5 天，須以生理食鹽水清潔口腔，不可使用牙膏及牙刷。

## ◆ 以吸管喝飲品

為了避免唇部直接碰觸水或其他飲料，請使用吸管飲用飲品。

## ◆ 不可戴口罩

繡唇後，須使唇部保持通風乾燥，才能使傷口更快復原。因此不可為了遮醜，而配戴口罩。

## ◆ 等待結痂自然脫落

唇部結痂及掉痂期間，絕不可用手摳除痂皮，否則痂皮會連同表皮的色素一起被去除，導致唇部留色率不佳。

若掉痂時無法忍耐傷口乾癢，可以乾淨棉籤少許沾食鹽水輕輕按壓唇部止癢。

## ◆ 避免熬夜

在剛繡唇完的7天內，盡量不要熬夜，以使唇部傷口獲得充分的休養。

## ◆ 避免唇部傷口碰生水

在掉痂結束前，須避免讓唇部碰生水。因此繡唇後7～10天內不可泡澡、游泳、泡溫泉、待在烤箱或蒸氣室中，以免水分及水氣使傷口軟化，而增加傷口感染的風險。

## ◆ 避免在唇部擦拭化妝品

在繡唇後的修復期間，應避免在唇部擦拭化妝品，否則容易產生留色太淡，甚至傷口感染的問題。

## ◆ 禁吃刺激性強的食物

繡唇後7天內，禁吃任何刺激性強、過燙、過油及富含湯汁的食物，例如：海鮮、辛辣食物、菸酒、火鍋、油炸食品及各式發物等，以免誘發傷口腫脹疼痛。建議多食用清淡、無湯汁的食物，例如：麵包、壽司、飯菜等。

## *Article 02* **繡唇的補救方法**

顧客紋繡經過返色期後，若感到不滿意，通常是因為唇色上色不均勻、顏色太淡或唇色太黑。但若在修復期間產生傷口感染的症狀，例如：出現唇部皰疹、唇部流膿等，則建議顧客盡快看診就醫，以盡快治療病症。

### ◆ 唇部補色

唇部補色就是替至少在三個月前被自己繡過唇的回頭客，在唇部進行第二次的上色。補色在紋繡業中是很常見的做法，因為每個人的膚質、體質不同，紋繡留色率的高低也會有差異，加上顏色太淡比顏色太深更容易修改、補救，因此大部分的紋繡師都會願意幫唇色不均勻或太淡的顧客進行補色，以達到最佳的繡唇成果。

### ◆ 唇部轉色

當紋繡師在替顧客繡唇前，發覺顧客的原生唇色非常暗沉、偏黑，則須和顧客進行溝通，建議對方第一次先進行轉色，第二次再紋繡想要的唇色，以達到理想的繡唇效果。若須轉色偏黑的唇色，須以橘色色乳進行紋繡。

唇部轉色前

唇部轉色後

# HAIRLINE MICROBLADING

# 繡髮際線篇

---

CHAPTER. 05

# 操作繡髮際線前

　　在實際操作繡髮際線前，須先了解髮際線對臉型修飾的重要性，並掌握髮際線設計的基礎概念，以及學會評估顧客體質狀態，是否適合進行髮際線的紋繡操作。

*Article 01* **繡髮際線的重要性**

　　繡髮際線，就是以新式紋繡的手藝，在顧客的頭皮上製作仿真毛流或點霧的上色效果，以填補前額、太陽穴或鬢角位置的頭髮空洞。

## ◆ 真人繡髮際線前後對比

　　以下將藉由真人實際進行繡髮際線的操作前、後對比照片，使視覺上的髮量變化一覽無遺。

繡髮際線前　　　　　　　　　繡髮際線後

## ◆ 繡髮際線的好處

　　以新式紋繡製作髮際線的好處有三點，分別是可以修飾臉型、達到增加髮量的視覺效果，以及免除自己補畫髮際線的麻煩。

① 修飾臉型

　　　根據三庭五眼的臉型比例來說，上、中、下庭的長度均分是最好看的；而上庭就是前額髮際線到眉心位置的距離。因此當顧客屬於前額頭過高的臉型，就可以透過繡髮際線改變臉型比例。關於三庭五眼的詳細說明，請參考 P.53。

另外，像是前額髮際線有像貓耳的空洞或髮際線形狀不規則等狀況，都可以透過新式紋繡改善，進而達到修飾臉型的效果。

② 達到增加髮量的視覺效果

不論是以仿真線條或點霧方式製作髮際線，都能達到髮量增加的視覺效果，使人看起來變得更年輕。

③ 免除補畫髮際線的麻煩

若是以化妝的方式填補髮際線，不僅視覺效果不自然，且須額外花費金錢購買化妝品，以及每天花費時間繪製髮際線，並擔心汗水或雨水使填補處脫妝。但如果能以新式紋繡製作髮際線，就可以免除以上化妝的麻煩。

**修飾臉型**
可透過繡髮際線改變臉型比例，
以接近三庭五眼的標準。

**繡髮際線
的好處**

**達到增加髮量
的視覺效果**
髮量增加的效果，
使人看起來變得
更年輕。

**免除補畫髮際線的麻煩**
節省化妝的時間及金錢，
且不會脫妝。

# *Article 02* 髮際線設計須知

紋繡師在操作髮際線時，須先決定合理的製作範圍、選擇適合的操作技法，以及調配適合的色乳顏色。

## ◆ 決定製作範圍

紋繡通常會先以眉筆在顧客的前額、太陽穴或耳鬢處等，須補上頭髮的位置繪製記號，同時向顧客溝通對方想要及適合的製作範圍。而影響製作範圍的因素通常是臉型比例，以及原生髮際線是否有空洞、缺角。

### ① 臉型比例

根據本書第二章 P.53 介紹的三庭五眼原則，紋繡師可透過製作髮際線，來調整顧客的臉型比例。值得注意的是，紋繡仿真線條或點霧的範圍，須製作在原本就有少許細毛的位置，或須稍微與原生毛髮有所疊合，才能使視覺效果看起來更自然、更真實。

### ② 原生髮際線是否有空洞

除了修飾三庭五眼的比例外，紋繡師也可以觀察顧客原生髮際線是否有空洞、缺角，或美人尖等髮量較稀疏、明顯頭皮較白的位置，來設計顧客須填補的上色範圍。

不論如何決定製作範圍，紋繡師都必須和顧客充分溝通，達成雙方都滿意的共識。

## ◆ 決定繡髮毛流方向

新式紋繡髮際線的操作技法，其實和製作眉毛的技法相當類似，皆分為以針戳刺小點的點霧法，以及用刀片繪製出仿真毛流線條的飄畫法。通常紋繡師會先依據顧客原生毛髮的方向製作線條，再於線條間繪製小點，以製作髮量較濃密的視覺效果。關於點霧法及飄畫法的詳細說明，請參考 P.36。

只是在判斷顧客的頭髮毛流方向時，紋繡師須注須確認顧客平時習慣的髮型。因為顧客前額瀏海的毛流方向，可能會因為髮型的改變而不同，例如：顧客綁馬尾時，頭髮可能是往後梳，此時毛流方向是往後；但毛流當馬尾放下時，頭髮可能是往左右兩側中分的造型，使得毛流方向是往兩側的。

此時，紋繡師就須根據顧客常搭配的髮型，稍微調整髮際線的線條繪製方向，以達到最真實、最自然的仿真毛流效果。而修補的髮際線空洞位置時，若該位置附近的頭髮毛流方向較不明顯，則紋繡師也可考慮只運用點霧法，以小點填滿空洞即可。

## ◆ 決定色乳顏色

在替顧客挑選適合的色乳顏色時，須考慮顧客當下的髮色及膚色。紋繡髮際線的顏色須與顧客的原生髮色相近，且建議不要使用比髮色更深色的色乳進行紋繡。

目前市面上有許多色乳的品牌，所以即使是相同顏色的色乳，在不同品牌下的顏色名稱可能不同。不過，整體上常用的繡髮色乳顏色，都是以黑、灰色系為主，不僅可適用於各種膚色的顧客，且能模擬出黑髮及不同深淺的銀白髮色等，以滿足各年齡層髮色的需求。關於繡髮際線常用色，請參考 P.32。

## Article 08　不適合做半永久髮際線者的條件

### ◆ 事前多天沒洗頭者

若顧客想要紋繡髮際線，則操作前一天必須將頭髮洗乾淨，以降低繡髮後，傷口因髒汙而受到感染的風險，並避免頭皮過油，導致紋繡上色率不佳的問題。

### ◆ 患有傳染病者

因愛滋病、B型肝炎等病症的病毒可藉由血液、淚液等途徑傳播，而新式紋繡的過程會刺破人體免疫的第一道防線，也就是皮膚。為了避免傳染病交叉感染，所以患有傳染病者不適合繡髮。

另外，患有傳染性皮膚病者，同樣為了避免接觸感染，所以也不適合繡髮。

### ◆ 凝血功能不佳者

儘管新式紋繡的入針深度淺，但仍有少許出血的可能性，所以不論是因患有血小板減少症、血友病、糖尿病等病症，或因兩周內服用過含有阿斯匹林等，會降低凝血功能的藥物，所導致凝血功能不佳者，皆不宜進行繡髮。

### ◆ 易產生疤痕體質者

例如：具有蟹足腫體質者。因為這類型的人在紋繡後，很可能會因容易留疤而影響繡髮的效果，甚至誘發蟹足腫增生的症狀，所以不建議易產生疤痕體質者進行繡髮。

## ◆ 頭皮有傷口未癒者

近期頭皮受過傷、或曾在頭皮附近動過手術,且傷口尚未痊癒者,須等到傷口完全復原後,才能進行繡髮。

## ◆ 正值經期的女性

因女性在經期期間,血液中的纖維蛋白酶原的前體激活物會增加,而這個物質會破壞傷口癒合時的凝血塊,造成紋繡後的傷口較難癒合,從而增加傷口感染的風險,所以建議女性繡髮時應避開經期。

## ◆ 正值懷孕期和哺乳期的女性

新式紋繡色乳所含的色素,不僅會被皮膚吸收,還有少部分色素會透過血液循環進入母乳的可能性存在,所以為了避免對嬰兒產生影響,會建議正值哺乳期的女性先不要做繡髮。

另外,因任何輕微的疼痛都可能引起孕婦的子宮收縮,甚至導致流產,所以女性應避免在懷孕期間進行紋繡。

## ◆ 精神狀態異常者

從設計到操作的完整繡髮過程,可能須歷時1～2小時,若精神狀態不穩定,難以維持躺下姿勢,會對紋繡師的操作造成不便,進而影響最終的紋繡效果,因此精神狀態不穩定者,不適合進行繡髮。

## ◆ 具有過敏體質者

若對紋繡色乳成分過敏者,不適合進行繡髮,以免在紋繡的過程中,誘發出過敏的症狀。

## ◆ 嚴重心臟病、高血壓患者

在操作紋繡過程中,顧客可能會因緊張而血壓升高,造成嚴重心臟病或高血壓患者的病情不穩定,因此這類型的人不適合進行繡髮。

## ◆慣性中風、關節炎患者

因這類型的病患隨時都有發病的可能,基於對顧客健康的考量,不建議進行繡髮。

## ◆過度在意價格者

若有顧客忽略紋繡是一門專業技藝,而認為紋繡師的繡髮費用過高,並企圖砍價、壓低價格,且經過溝通後仍無法接受訂價者,就不適合進行繡髮。

## ◆未滿20歲者

因民法規定,臺灣法定年齡20歲,才是具有完全行為能力的成人,所以建議顧客年滿20歲後,再進行繡髮際線。

| 不適合做半永久髮際線的條件 | 原因說明 |
|---|---|
| 事前多天沒洗頭者 | 容易傷口感染或上色率不佳。 |
| 患有傳染病者 | 容易將特定疾病傳染給他人。 |
| 凝血功能不佳者 | 容易傷口感染。 |
| 易產生疤痕體質者 | 容易因紋繡而誘發特定病症,例如:使蟹足腫增生;或易因疤痕體質,造成紋繡效果不佳。 |
| 頭皮有傷口未癒者 | 有因紋繡而使傷口感染的風險。 |
| 正值經期的女性 | 凝血功能下降,容易傷口感染。 |
| 正值懷孕期和哺乳期的女性 | 有在紋繡過程中流產,或對嬰兒造成不良影響的風險。 |
| 精神狀態異常者 | 有嚴重影響紋繡操作過程及製作效果的風險。 |
| 具有過敏體質者 | 容易因紋繡而誘發過敏症狀。 |
| 嚴重心臟病、高血壓患者 | 有在紋繡過程中發病的風險。 |
| 慣性中風、關節炎患者 | 有在紋繡過程中發病的風險。 |
| 對繡唇效果過度要求完美者 | 因紋繡效果可能無法滿足顧客需求。 |
| 過度在意價格者 | 不理解紋繡後的價值,或不願意付出合理的報酬。 |
| 未滿 20 歲者 | 具有紋繡同意書簽名後,缺乏法定效力的疑慮。 |

# 開始操作繡髮際線

## *Article 01* 仿真毛流髮際線

### ◆ 假皮教學

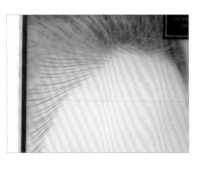

*Tools And Materials* 工具及材料

真人實拍假皮、眉筆、手套、棉籤、深灰咖啡色色乳、巧克力色色乳、戒杯、斜排14針、圓3針、紋繡手工筆、棉花棒、不織布。

*Step By Step* 步驟說明

» 繪製髮際線製作範圍

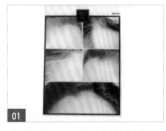

**01**

先準備一張全新真人實拍假皮。

**02**

以眉筆在髮際線位置繪製線條。

**03**

重複步驟2，繪製出要製作髮際線的範圍。

» 繪製主線條

**04**

如圖，髮際線製作範圍繪製完成。

**05**

將戒杯戴在手指上，並以棉籤取適量深灰咖啡色色乳。（註：膏狀色乳須以棉籤輔助取用。）

**06**

將色乳放入戒杯時，可在杯緣刮下棉籤上的色乳。

**07** 在戒杯中滴入適量巧克力色色乳。（註：液態狀色乳可直接取用。）

**08** 以棉籤將戒杯中的色乳混合均勻。（註：操作真人時，色乳比例須依據顧客眉色而調整。）

**09** 將斜排14針裝入紋繡手工筆中。（註：裝針片的方法請參考 P.34。）

**10** 以針片沾色乳。（註：須在色料杯邊緣刮除多餘色乳。）

**11** 以紋繡手工筆在上方髮際線繪製弧線，為主線條。（註：飄畫法請參考 P.36。）

**12** 重複步驟11，持續繪製主線條。

» 繪製副線條及小點

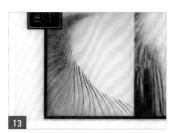

**13** 如圖，主線條繪製完成。

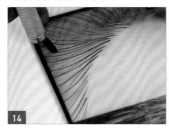

**14** 以紋繡手工筆在主線條間繪製副線條，增加髮絲密度。

**15** 重複步驟15，持續繪製副線條。

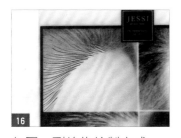

**16** 如圖，副線條繪製完成。

**17** 將圓3針裝入紋繡手工筆中。（註：裝針片的方法，請參考 P.33。）

**18** 以針片沾色乳，並在髮絲間繪製小點，以加強細部上色。（註：點霧法，請參考 P.36。）

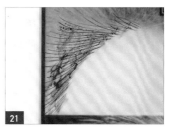

重複步驟18，持續加強上色。（註：針片及假皮形成直角。）

以棉花棒沾色乳，並塗抹髮絲線條及小點。

如圖，色乳塗抹完成。（註：操作真人時，須使色乳停留在髮絲上約5～10分鐘。）

» 重複加強上色

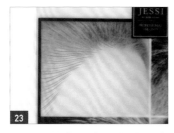

以不織布擦除多餘色乳。

如圖，仿真毛流髮際線初步製作完成。

以針片沾色乳，在髮際線繪製線條。（註：開始針對顏色較淡處，局部送色。）

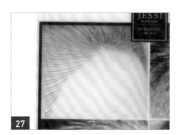

重複步驟20，將色乳塗抹在線條上。

以不織布擦除多餘色乳。

如圖，仿真毛流髮際線製作完成。（註：最多重複上色2～3次。）

◆真人操作

*Tools And Materials* 工具及材料

手套、口罩、髮帶、眉筆、鏡子、紋繡手工筆、排14針、戒杯、色料杯、色料杯架、保鮮膜、棉花棒、棉籤、剪刀、冰敷袋、濕紙巾、油性清潔液、中褐色色乳、深灰咖啡色色乳。

仿真毛流髮際線
操作真人動態影片
QRcode

紋繡前 Before

正面 　　　　　　　右側面 　　　　　　　左側面

▼

操作前的狀態

額角的髮量較少，整體髮際線形狀為 M 型。

▼

紋繡後 After

正面 　　　　　　　右側面 　　　　　　　左側面

▼

操作後的狀態

視覺上額角的髮量增加，且頭部上方、太陽穴及鬢角等位置都有製作仿真毛流，使整體髮際線的形狀變為圓型，同時達到修飾臉型的效果。

149

## 紋繡髮際線的流程

STEP 01　協助顧客綁髮帶。

STEP 02　協助顧客卸妝、清潔臉部。

STEP 03　拍攝紋繡前的照片。

STEP 04 　以眉筆設計髮際線的製作範圍及髮流方向。（註：在顧客躺下的狀態設計後，須再請顧客坐立，並進行設計上的微調，以確保造型設計更細緻。）

STEP 05　提供顧客鏡子，以確認髮際線造型設計。（註：此教學的設計範圍涵蓋額頭、額角、太陽穴及鬢角等部位。）

STEP 06　拍攝髮際線設計完成的照片。

STEP 07　以定位筆繪製出髮際線的製作範圍。

STEP 08　調配適合顧客髮色的色乳。（註：色乳顏色須近似顧客的原本髮色；此教學以中褐色及深灰咖啡色色乳調勻後示範。）

STEP 09　將針片裝入紋繡手工筆。（註：此教學以排14針示範。）

STEP 10　以針片沾色乳，並進行紋繡。（註：以飄畫手法製作毛流為主，並可在髮際線靠近頭髮內側處，以點霧手法增加上色面積，以製作髮量濃密的視覺效果。）

STEP 11　第一次紋繡後，以棉花棒沾色乳塗抹在紋繡過的部位。

STEP 12　以剪刀剪下適當大小的保鮮膜，並覆蓋在塗抹色乳的部位上。

STEP 13　將冰敷袋放在保鮮膜上，冰敷約10分鐘，以加強上色。（註：敷色乳的時長，可依照顧客膚質的上色難易度，進行延長或縮短。）

STEP 14　移除冰敷袋及保鮮膜，並以濕紙巾擦掉多餘色乳。

STEP 15　以濕紙巾稍微用力按壓紋繡過的部位，以擦除組織液。（註：擦掉組織液，可防止結痂太厚而掉色太多。）

STEP 16　重複步驟10-15，完成第二次紋繡上色。（註：最後一次敷色乳的時長可較長，以加強上色；操作真人紋繡的上色次數，建議至多兩次，以免對頭皮造成太大的負擔。）

以油性清潔液及濕紙巾將顧客臉部清潔乾淨。

最後，拍攝紋繡後的照片即可。（註：須教導顧客如何保養及照顧紋繡的傷口，並可請顧客每天拍攝並傳送紋繡部位的照片給紋繡師，以評估是否須進行補色。）

## 上色狀態

① 紋繡前

② 紋繡上色一次

③ 紋繡上色兩次（完成）

## *Tips*

★ 眉筆不能太粗，且筆頭要削成扁平狀，才比較好畫髮際線，並畫的較工整。

★ 以針片沾色乳後，須在色料杯邊緣刮除針上多餘的色料，以免多餘色料影響紋繡師操作的視線。

★ 紋繡髮際線時，飄畫線條的上色次數最多2次即可，以免使顧客頭皮的微創傷口太深。若擔心留色效果不足，可延長敷色乳的時間，或等到二次補色時再進行飄畫上色。

# 操作繡髮際線後

當紋繡師操作完髮際線的新式紋繡後，須對顧客進行繡髮後，如何保養傷口的衛生教育。

### *Article 01* 繡髮際線後保養須知

在學習如何保養紋繡的頭髮前，須先明白紋繡上色後的恢復期，大約分成四個階段：紋繡結束當天、結痂期、掉痂期及返色期。其中，顧客在繡髮當天不會紅腫，且在結束後的1～3天會開始結痂，並在7～10天後掉痂完畢。而在掉痂完到約30～45天後的這段時間，就是返色期。

剛操作完繡髮際線時，顧客的髮際線顏色看起來並不會特別粗黑、不自然，到了掉完結痂時，繡髮的顏色會顯得很淡，可是此時的顏色濃淡是暫時的，要度過返色期後，紋繡在皮膚表層的色素才會慢慢顯現出第一次上色的真實髮色。若顧客對第一次上色的髮際線顏色不滿意，可在大約三個月後，請紋繡師進行第二次上色，也就是補色。

STEP 01 ｜ 紋繡當天：通常做完當下不會有特別的感覺。

STEP 02 ｜ 結痂期：約在1～3天後開始紅腫及結痂。通常操作部位的顏色，會在第二天變深。

STEP 03 ｜ 掉痂期：約7～10天後完全掉痂。通常操作部位掉痂後，顏色會變很淡。

STEP 04 ｜ 返色期：掉痂完到約30～45天後。操作部位在返色期結束後，會顯現此次紋繡的真正顏色。

至於繡髮際線後保養須知的說明，請參考如下。

### ◆ 建議操作後前三天或脫痂前，不可洗頭

在剛紋繡頭髮後的前三天不可洗頭，尤其須確保頭皮操作部位的乾燥，不可碰生水或任何含有化學成分的產品，例如：洗髮精、洗面乳等。

若顧客真的很想洗頭，只能以乾淨毛巾沾水後擦拭頭髮，或是使用乾洗髮的方式洗頭，但清潔頭髮時，仍須避開操作過紋繡的部位。

## ◆ 必要時可使用消炎藥

若顧客在繡髮際線1～2天後，紋繡部位的紅腫仍未消退，可向醫師諮詢並經過評估後，自行至藥局購買消炎藥服用，幫助傷口癒合，或在髮際線上塗抹少量的消炎藥膏協助消腫。

## ◆ 保持紋繡部位的乾燥

在等待脫痂期間，顧客須保持紋繡部位的乾燥，並盡可能待在冷氣房中，以減少排汗。

但若顧客感到紋繡部位已過度乾燥，而感覺不舒服，則建議顧客可到藥局購買凡士林，並塗抹少量凡士林在操作過紋繡的部位。

## ◆ 在枕頭上墊毛巾

在操作髮際線後，為避免顧客睡覺時，枕頭被自然脫落的色乳汙染，因此建議顧客在繡髮後的前三天，在枕頭上先鋪墊一層毛巾，以免弄髒枕頭。

## ◆ 等待結痂自然脫落

在結痂及掉痂期間，絕不可用手摳除痂皮，否則痂皮會連同表皮的色素一起被去除，導致眉毛留色率不佳。

## ◆ 避免傷口碰生水

在掉痂結束前，須避免讓頭皮操作部位碰生水。因此繡髮際線後7天內不可泡澡、游泳、泡溫泉、待在烤箱或蒸氣室中，以免水分及水氣使傷口軟化，而增加傷口感染的風險。

## ◆ 禁吃刺激性強的食物

在紋繡後七天內，禁吃任何刺激性強的食物，例如：海鮮、辛辣食物、菸酒、中藥食補及各式發物等，以免誘發傷口腫脹疼痛。

## ◆ 操作後一個月內不可染、燙髮

　　建議顧客在紋繡髮際線後一個月內，不可染、燙頭髮，以免紋繡操作部位受到刺激，而導致傷口復原不佳。


## *Article 02* **繡髮際線的補救方法**

　　顧客紋繡經過返色期後，若感到不滿意，通常是因為顏色太淺，或認為新繡的髮際線範圍不適合自己。


## ◆ 髮際線補色

　　髮際線補色就是替至少在一個月前被自己做過繡髮的回頭客，在頭皮上進行第二次的上色。

　　補色在紋繡業中是很常見的做法，因為每個人的膚質、體質不同，紋繡留色率的高低也會有差異，加上髮色太淡比髮色太深更容易修改、補救，因此大部分的紋繡師都會願意幫髮色太淡的顧客進行補色，以達到最佳的繡髮成果。


## ◆ 髮際線範圍變更

　　髮際線範圍變更可分為增加紋繡範圍及減少紋繡範圍。若是希望增加繡髮的範圍，可以在二次補色時，順便請紋繡師作調整；若是希望減少第一次紋繡的範圍，且不願意等髮際線自然變淡，則只能請紋繡師以膚色色乳覆蓋想要去除的髮際線，或是找醫美診所以雷射洗除紋繡。

# APPENDIX

# 附錄

CHAPTER. 06

# 新式紋繡常見 Q&A

QUESTION 01 什麼是新式紋繡？

新式紋繡是一項起源於韓國的半永久化妝術，它透過最新的紋繡技術，可以讓人的眉毛、眼線、嘴唇及髮際線等部位，呈現出自然化妝的效果，並可維持約1～5年。

QUESTION 02 從事新式紋繡行業是合法的嗎？

只要擁有國家考試的乙、丙級美容執照，就可以合法從事新式紋繡的工作。

根據衛生署1986年8月15日函釋的內容：「按紋眉乃屬美容業務之一，而美容業務，應以人身表面化妝、美容為限，不能影響或改變人體結構及生理機能⋯⋯」，以及1992年2月20日的衛署醫字第8101863號函的內容：「美容師從事紋眉、紋眼線及坊間紋身館之紋身不屬醫療行為⋯⋯」可知，只要紋繡操作者具有美容師的資格，就可以合法進行眉、眼、唇部及髮際線等部位的紋繡。

QUESTION 03 完整的新式紋繡流程是？

操作新式紋繡的大致流程是：設計造型 ➡ 操作紋繡 ➡ 等待操作部位結痂、掉痂 ➡ 操作部位返色、恢復 ➡ 視情況決定是否進行二次補色。從操作完紋繡到能夠二次補色的時間，至少需要一個月。關於半永久定妝術的操作基本流程，詳細說明請參考 P.18。

QUESTION 04 為什麼紋繡後需要一段修復期？

因為紋繡是用細針，將色乳送進皮膚的表皮層，以達到上色效果的技術。所以紋繡後，人的皮膚上會有微小的傷口，需要事後的細心照顧，才能讓操作部位的皮膚恢復健康。一般修復期大約是7～14天左右。

**QUESTION 05**　為什麼紋繡需要二次補色？是不是操作者技術差、做失敗了？

　　通常是因為第一次紋繡的留色率不佳，所以才需要第二次補色。但是留色率不佳的原因有很多，除了可能是操作者下針力道太淺外，也有可能是顧客膚質偏油，導致色乳較難上色，或是後期照顧時有用手摳抓結痂，導致色素隨著結痂一起脫落等。

**QUESTION 06**　新式紋繡可以在顧客臉上維持多久？

　　一般而言，眉毛、嘴唇及髮際線可以維持約1～3年，而眼線可以維持更久，約3～5年左右。但實際上會視顧客操作後的照護狀況、顧客體質及生活習慣等因素的不同，而有所差異。例如：有運動習慣的人，可能會加快色素代謝的速度，導致紋繡的維持時間變短。

**QUESTION 07**　做新式紋繡會有副作用嗎？

　　如果紋繡前沒有確實做好消毒及清潔，有可能會導致顧客傷口發炎、感染。因此紋繡師操作前，務必將工具消毒，並確實清潔顧客的操作部位。

**QUESTION 08**　新手如何挑選紋繡色乳？哪裡可以購買？

　　紋繡色乳可以在實體美容材料行，或在網路上購買。挑選色乳時須注意色乳的使用期限。新手可以先購買有品牌知名度的色乳，大多有一定的品質保證。

**QUESTION 09**　新手如何挑選紋繡工具？哪裡可以購買？

　　紋繡工具可以在實體美容材料行，或網路上購買。新手可以挑選自己使用起來順手的工具即可。

做新式紋繡不會痛、不會流血嗎？

新式紋繡在皮膚上的下針深度只到表皮層，但人體的血管主要分布在更深的真皮層，因此基本上不會流血。

至於會不會疼痛，要視每個人對痛的敏感度而定，有些人在紋繡時完全不會感到痛，甚至會在操作過程中不小心睡著，但也有些人一被針輕碰就感到疼痛。

操作紋繡後，如果還剩下多餘的色乳，該如何處理？

操作完紋繡後，剩下多餘的色乳，應與其他一次性的耗材共同當作垃圾丟棄。千萬不可為了節省而重複使用，以免造成衛生安全上的問題。

為什麼越來越多彩妝造型師或新娘秘書在學新式紋繡？對這群人而言，學習紋繡有任何優勢嗎？

近年來新式紋繡的商機愈來愈大，因此吸引不少人想要學習技術，並藉此創業。以彩妝造型師或新娘秘書而言，最大的學習優勢是比一般人更具有化妝美感的專業，因此在設計造型上，能夠迅速繪製出適合顧客的客製化眉型、眼線、唇型或髮際線等。

做紋繡有年齡限制嗎？

不建議紋繡師替未成年人操作紋繡，原因是未成年人的身體仍在發育成長，且未滿20歲者屬於民法上的限制行為能力人，除非經過法定監護人同意，否則業者與未成年人間的交易行為是無效的。

男性也可以做紋繡嗎？

可以。愛美的心態不分性別，只要和紋繡師溝通好想要的妝感，就可以進行紋繡。

紋繡前，可以提醒顧客做哪些準備？

紋繡師可以請顧客在紋繡前幾天少熬夜，保持身體健康，並在當天操作前吃適量的止痛藥、消炎藥，以幫助傷口加速恢復，並減少傷口腫脹、疼痛或發炎的可能性；也可以提醒顧客停吃含有阿斯匹靈等，抗凝血成分的藥物，以避免傷口難以癒合。

QUESTION 16　學習完紋繡後，如何找到顧客？

剛學完紋繡後，若想以紋繡師的身分吸引顧客，最直接的方式就是要讓潛在顧客信任自己的技術。此時紋繡師可以先找身邊的幾位親朋好友當作示範技術的模特兒，幫模特兒免費製作紋繡，再將操作前後的對比照片累積成自己的作品集，並在網路上以圖片宣傳自己的技術，以吸引顧客上門。

另外，若在模特兒身上的紋繡操作得好，等於這些模特兒就是替自己四處走動宣傳的活廣告，他們身邊想要紋繡的人，可能就會透過模特兒的介紹，而成為自己的顧客。

QUESTION 17　若有顧客的紋繡做壞了，紋繡師可以如何補救？

若紋繡的顏色較淺，紋繡師可以膚色色乳覆蓋做壞的紋繡，或是利用轉色的方式，將操作部位的顏色換成顧客滿意的顏色。但若紋繡的顏色較深，須依賴雷射洗除時，只能尋求具有醫師資格的人操作雷射，以免觸法。

QUESTION 18　除了以雷射洗掉做壞的紋繡，新式紋繡與醫美技術還能如何互相輔助？

在繡眉前，顴骨較凹陷的顧客可先在太陽穴打玻尿酸，以改善過於凹陷的臉型；或者可先在鼻子側邊埋線，加上打玻尿酸隆鼻，以改善眼型。在經過醫美技術的幫助後，再進行紋繡，能夠更凸顯紋繡的造型，達到修飾臉型及五官的效果。

# 給想以新式紋繡創業者的建議

**QUESTION 01** 學習半永久定妝術的學費大約多少？

學費多寡會依照學習項目的不同而有不同的價格，大約是1萬～8萬元新台幣不等。且不同資歷的老師、不同的套組學習方案，都會有不同的收費。

**QUESTION 02** 須花多久時間才能學會眉毛、眼線、嘴唇及髮際線的半永久定妝術？

不同的學習方式、不同的老師教學，就會有不同的學習時間。有一位曾任新娘秘書的學生，因為具有化裝的設計概念，所以只花2天，就學會了實際操作眉毛部分的半永久定妝術。

**QUESTION 03** 如何選擇紋繡老師學習？

可以多觀察不同老師的評價及作品，以確認是否符合自己學習的需求。

**QUESTION 04** 如何累積自己的紋繡作品集？

剛學會如何實際操作新式紋繡後，可先從自己的親朋好友開始做起，以累積作品集，再將作品集放在FB、LINE動態上做宣傳，以開發其他新客戶。

**QUESTION 05** 男生可以當紋繡師嗎？

男生當然也可以當紋繡師！但有些客戶會害羞，較不願意給男紋繡師服務，所以在執業時，男紋繡師可能會遭遇到客群受限的挑戰。

**QUESTION 06** 參加國內外的紋繡比賽，對自己的事業有幫助嗎？

參加比賽不一定是為了事業，有時候是一份經驗上的歷練。在2018年，我曾帶2位學生去參加廣州國際千人紋繡大賽，雖然沒有得獎，但依然能獲得參賽獎杯。這不僅是一種榮耀，更是一份面對千人挑戰比賽的勇氣。

**QUESTION 07** 一定要考紋繡相關的證照才能創業嗎？如果想考證照，會建議考哪些證照呢？

不用，在台灣不管有無紋繡證照都可以合法執業。市面上許多紋繡師學完技術後，就會開始接客戶。

身為老師的我，自我要求較高，所以我是先考到香港IICE國際紋繡師證照後，才開始接客戶及從事課程教學。畢竟考證照不僅可以創造自我價值，還能讓自己、客戶及學生多一分保障。

**QUESTION 08** 紋繡師創業，一定要有自己的工作室嗎？

剛開始執業的紋繡師，在初期還沒累積作品時，大多數都是先從行動美容的方式，到客戶家中服務。直到有一定的客戶群後，才會自己成立工作室，讓客戶能夠有一個舒適的空間享受服務。

**QUESTION 09** 學會半永久定妝術後，要怎麼接案子？如何找到第一位顧客？

剛學會半永久化妝術後，一定要先有作品去宣傳，才能找到客戶。當操作前後對比的照片，能具有一定水準，就能吸引到源源不絕的客戶。

記得千萬不要使用別人的作品欺騙消費者上門，這是非常不當的行為。當自己技術還不純熟時，寧願多加練習，也不要用假照片去詐騙客戶，以免引起後續的法律問題。

**QUESTION 10** 如果一直接不到案子，該怎麼辦？

如果一直接不到案子，表示你的作品不夠吸引人。此時應檢討是不是自己的手法及作品不夠精準、客戶看不見效果，而對你無法產生信任？但是也不必過度氣餒，只要用心練習並累積好作品，就能接到案子了。

**QUESTION 11** 要怎麼行銷，才能讓自己被看見？

首先要累積自己的好作品，並用FB、LINE等管道做網路宣傳；也可以蒐集和宣傳事後客戶給予自己的正面回饋訊息，以建立自己的好口碑。但是請勿做誇大不實的廣告，這樣會摧毀客戶對你的信任。

**QUESTION 12** 可以一天接兩個以上的案子嗎？

只要自己的時間安排來得及，要接幾個案子都沒問題。我曾經一天從早到晚，接了7個做眉毛的客戶。當紋繡師決定一天內接多個客戶時，可另外請助理幫忙操作冰敷、清潔等工作。

**QUESTION 13** 剛入行時，該怎麼收費比較合理？會建議削價競爭嗎？

每一個行業都容易遇到削價競爭的狀況。當剛開始還沒有作品累積的狀況下，只能降低收費，甚至請客戶免費體驗。

建議新手剛開始執業時，可以將收費訂在2000元～3000元新台幣，等到累積到一定作品集後，再慢慢將收費提高。

當技術純熟、業界名聲也建立起來後，就可以設計不同價位的套餐方案，以提供不同的消費族群進行選擇。

**QUESTION 14** 遇到顧客殺價怎麼辦？

可以用柔和委婉的方式，告訴客人不接受殺價，但可以考慮幫客戶擬定更適合他的客製化方案，或送客戶基礎保養的服務等。

**QUESTION 15** 一定要讓客人簽紋繡同意書嗎？

一定要簽。紋繡師可以向客戶解釋，紋繡同意書不僅是客戶資料卡，也是一項保護雙方權益的保障。紋繡師可以在請客人簽同意書時，說明紋繡操作後的注意事項及正確的清潔、保養方法。

**QUESTION 16** 如果遇到顧客做完紋繡後不滿意造型，該怎麼辦？

先找出問題點，去了解客人為什麼不滿意？然後再針對不滿意的地方進行說明及溝通。若顧客堅持要調整，會建議顧客耐心等待約一個月的修護期後，再進行第二次的加強調整，以補足對方不滿意的部分，因為有些客戶在第一次上色後，會產生顏色不均的狀況，正好能在補色時一起調整。

**QUESTION 17　如何和顧客溝通紋繡的造型設計？**

通常會先幫顧客拍攝設計前及設計後的照片，或提供顧客鏡子，讓顧客了解紋繡師所設計的眉型、眼線、唇型或髮際線範圍。

假設顧客有習慣的眉型，可以請顧客先畫給紋繡師看，然後讓紋繡師藉由五官比例及專業美感，向顧客解釋可能需要再調整的地方，最後再實際設計適合的眉型。

因每個客戶都是不同的個體，所以設計一定是針對客戶個人的五官專屬訂製的，同時也須展現紋繡師的專業美感進行設計。

**QUESTION 18　要怎麼累積熟客介紹的客源？**

只要幫熟客做出好看的眉毛、眼線、嘴唇或髮際線，這些客人就是最好的活廣告。他們外表散發出來的自信與美麗的改變，就會自動吸引身邊親朋好友的詢問，此時紋繡師的新客源就出現，進而推薦介紹了。

**QUESTION 19　如果接案的地方在外縣市怎麼辦？可以向顧客要求另收車馬費嗎？**

在新手剛開始接案時，因無法定價太高，所以可能須自行吸收交通費的成本。等到累積足夠經驗後，就可以提早將交通費成本計入定價中，例如：一趟3個以上的客戶團報，可免收車馬費。

**QUESTION 20　要怎麼讓自己的紋繡技術進步？**

紋繡本身是手作技術，想要提高技術就得多進修、多練習、多操作。以我個人為例，我上過8個不同老師的課程，每個老師的手法或操作過程都不太相同，建議學生應去蕪存菁，去學習每個老師的優點。

另外，因為我以前是新娘秘書，擁有豐富的化妝經驗及技巧，我會將化妝的設計概念及手法融入半永久定妝中，所以可操作出高品質的效果。

**QUESTION 21　想以紋繡在台灣創業，須注意哪些法律規定？**

操作紋繡和刺青在台灣都是合法的職業，若須查詢相關的法律規範，可以在衛生福利部或衛生局網站查詢相關規定。

政府並沒有紋繡類國家檢定考試，也沒硬性要考相關證照，但如果有執業行為就必須申請營業登記。

# 新式紋繡作品欣賞

*Article 01* **飄眉**

◆ 眉毛第一次操作完手機實拍

Before        After

▲ 紋繡師以飄眉技術，加強顧客眉毛的毛流感，並調整眉毛高度不一的問題。

Before        After

▲ 紋繡師以飄眉技術，加強顧客眉毛的層次感。

Before        After

▲ 這位顧客是第一次做飄眉，明顯使眉毛變得更濃密。

Before        After

▲ 紋繡師以飄眉技術，加強顧客眉毛空洞及眉尾的毛流感。

Before                                    After

▲ 這位顧客是第一次做飄眉，紋繡師有調整兩側眉毛高度不一致的
問題，並加強紋繡的仿真毛流感。

◆ 眉毛第二次補色

Before                                    After

◆ 眉毛轉色

Before                                    After

◆ 眉毛改型

Before                                    After

▲ 這位顧客被別人做壞眉型，經過紋繡師調整後，才呈現後來的新
眉型。

Before                                    After

◆ 眉毛第一次操作完　手機實拍

Before　　　　　　After

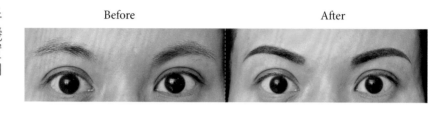

◆ 眉毛轉色及改型

Before　　　　　　After

Before　　　　　　After

▲ 這位顧客的眉毛有給別人做過舊式紋眉，顏色偏藍。經過紋繡師轉色及改型，才完成顧客的新眉型。

*Article 03* **飄霧眉**

◆ 眉毛第一次操作完　手機實拍

Before　　　　　　After

Before　　　　　　　　After

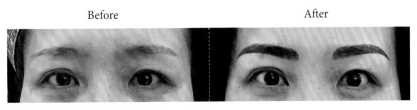

▲ 這位顧客在繡眉兩個月後，進行第二次補色。

Before　　　　　　　　After

▲ 這位顧客是第一次上色是做霧眉，第二次補色是做飄眉，所以最
　終成為飄霧眉。

Before　　　　　　　　After

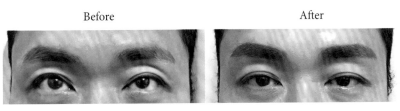

▲ 這位顧客在繡眉六個月後，進行第二次補色。

Before　　　　　　　　After

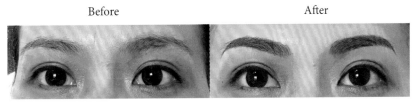

▲ 這位顧客在繡眉六個月後，進行第二次補色。

Before                    After

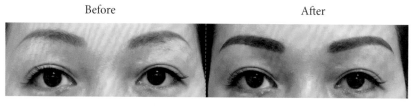

▲ 這位顧客的眉毛有給別人做過舊式紋眉，且顏色偏藍又眉毛位置
高低不一致。經過紋繡師轉色及改型，才完成顧客的新眉型。

Before                    After

▲ 這位顧客被別的紋繡師做壞眉毛，左右眉毛位置一高一低，經調
整後，已解決眉毛高度不一的問題，並設計了新的眉型。

Before                    After

▲ 這位顧客被別人做壞眉型，經過紋繡師調整，才改成後來的新眉
型。

Before                    After

▲ 這位顧客曾經做過舊式紋眉，但眉色已經變藍。經過紋繡師轉色
加飄畫線條一次後，才完成顧客的新眉型。

**隱形眼線**

◆
眼線第一次操作完
手機實拍

Before      After

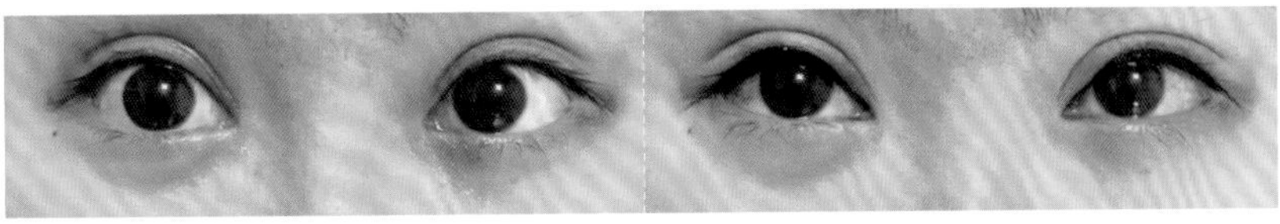

Before      After

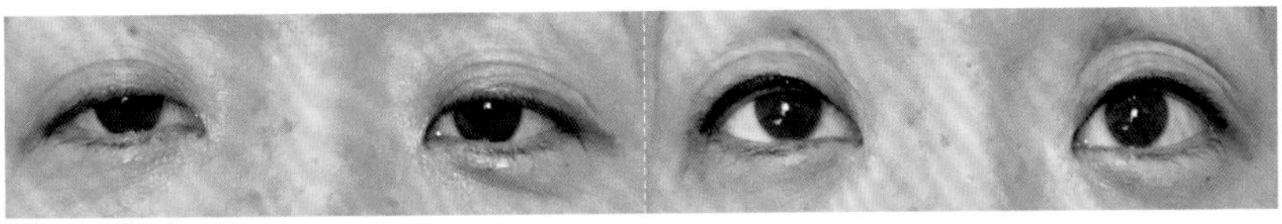

Before      After

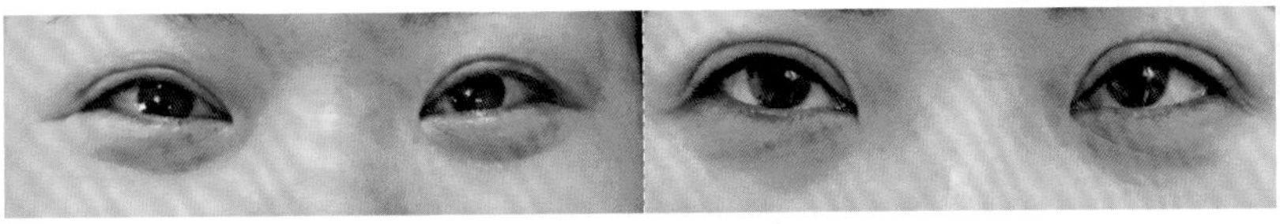

◆
眼線轉色及改型

Before      After

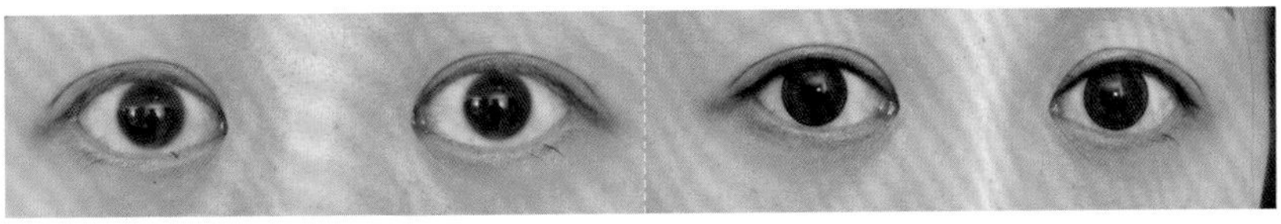

Before      After

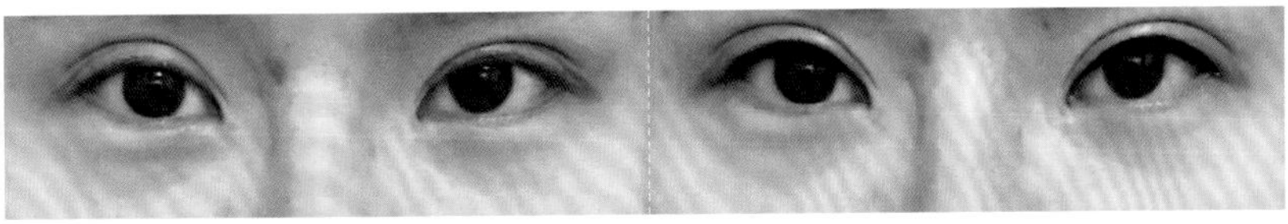

◆ 手機實拍

繡唇第一次操作完

Before · After

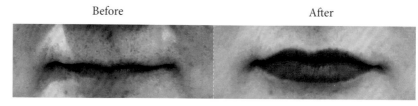

▲ 紋繡師替這位顧客調整了唇色偏白的問題，並以繡唇技術加強顧客的唇型厚度及立體度。

Before · After

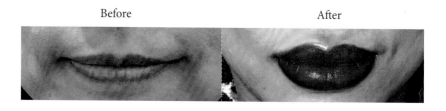

Before · After

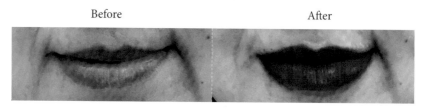

▲ 這位顧客曾給別人做過繡唇，但是做失敗，沒有成功上色。因此紋繡師重新操作一次新式繡唇。

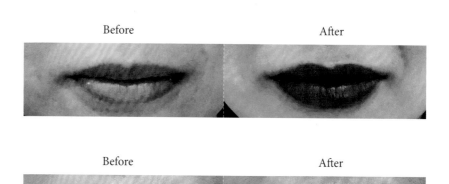

◆ 繡唇轉色

Before　　　　　　　After

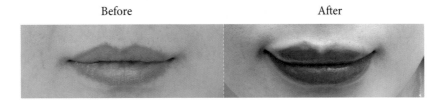

## *Article 06* 仿真毛流髮際線

◆ 髮際線第一次操作完
手機實拍

Before　　　　　　　After

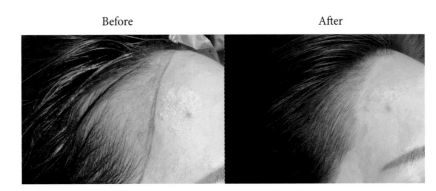

Before　　　　　　　After

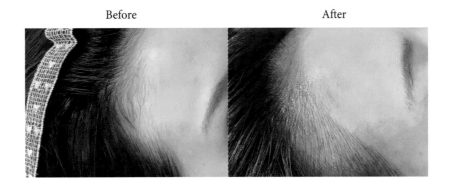

Before　　　　　　　After

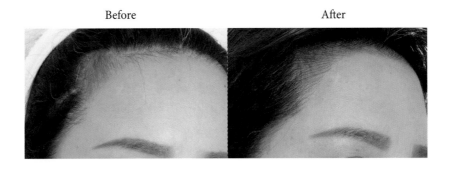

# 半永久定妝術 *Semi-permanent makeup*
# 圖解全書

| | | | | |
|---|---|---|---|---|
| 書　　名 | 半永久定妝術圖解全書 | 郵政劃撥 | 05844889 三友圖書有限公司 |
| 作　　者 | 陳奕融，吳思親 | 總 經 銷 | 大和書報圖書股份有限公司 |

主　　編　譽緻國際美學企業社‧莊旻嬑
助理文編　譽緻國際美學企業社‧許雅容
美　　編　譽緻國際美學企業社‧羅光宇
封面設計　洪瑞伯
攝 影 師　吳曜宇、黃世澤

發 行 人　程顯灝
總 編 輯　盧美娜
美術設計　博威廣告
製作設計　國義傳播
發 行 部　侯莉莉
印　　務　許丁財
法律顧問　樸泰國際法律事務所許家華律師

藝文空間　三友藝文複合空間
地　　址　106 台北市安和路 2 段 213 號 9 樓
電　　話　（02）2377-1163

出 版 者　四塊玉文創有限公司
總 代 理　三友圖書有限公司
地　　址　106 台北市安和路 2 段 213 號 9 樓
電　　話　（02）2377-4155、（02）2377-1163
傳　　真　（02）2377-4355、（02）2377-1213
業務信箱　service@sanyau.com.tw
收稿信箱　sanyauac@gmail.com

地　　址　新北市新莊區五工五路 2 號
電　　話　（02）8990-2588
傳　　真　（02）2299-7900

初　　版　2024 年 08 月
定　　價　新臺幣 520 元
I S B N　978-626-7526-00-2（平裝）
E P U B　978-626-7096-98-7
　　　　　（2024 年 10 月上市）

國家圖書館出版品預行編目（CIP）資料

半永久定妝術圖解全書 / 陳奕融，吳思親作. -- 初版.
-- 臺北市：四塊玉文創，2024.08
　　面；　公分
　　ISBN 978-626-7526-00-2（平裝）

1.CST: 美容 2.CST: 化粧術

425　　　　　　　　　　　　　　　　　113009334

三友官網　　　三友 Line@